高等教育工业设计专业系列教材

思维的再现
Visible Ideas

工业设计视觉表现（第二版）

（本书受"教育部新世纪教学研究所高等学校教学资源建设立项项目"部分资助）

林璐 周波 著

中国建筑工业出版社

图书在版编目（CIP）数据

思维的再现　工业设计视觉表现/林璐，周波著．－2版，北京：中国建筑工业出版社，（2025.6重印）

（高等教育工业设计专业系列教材）

ISBN 978-7-112-10675-2

Ⅰ．思… Ⅱ．①林…②周… Ⅲ．工业设计－高等学校－教材 Ⅳ．TB47

中国版本图书馆CIP数据核字（2009）第013422号

责任编辑：李晓陶　李东禧
责任设计：董建平
责任校对：王雪竹　梁珊珊

高等教育工业设计专业系列教材
思维的再现
工业设计视觉表现（第二版）
林　璐　周　波　著

*

中国建筑工业出版社出版、发行（北京西郊百万庄）
各地新华书店、建筑书店经销
北京嘉泰利德公司制版
建工社（河北）印刷有限公司印刷

*

开本：787×1092毫米　1/16　印张：9¾　字数：245千字
2009年7月第二版　2025年6月第十次印刷
定价：42.00元
ISBN 978-7-112-10675-2
　　　（17608）

版权所有　翻印必究

如有印装质量问题，可寄本社退换
（邮政编码 100037）

编 委 会

主　编　潘　荣　孙颖莹

副主编　赵　阳　高　筠　雷　达　杨小军　林　璐　吴作光
　　　　　周　波　卢艺舟　李　娟　于　帆　梁玲琳

编　委　（排名无先后顺序）
　　　　　于　帆　林　璐　高　筠　乔　麦　许喜华　孙颖莹
　　　　　杨小军　李　娟　梁学勇　李　锋　卢艺舟　吴作光
　　　　　潘小栋　梁玲琳　土恩达　陈思宇　潘　荣　蔡晓霞
　　　　　肖　丹　徐　浩　阚　蔚　朱麒宇　周　波　于　默
　　　　　吴　丹　李　飞　陈　浩　肖金花　董星涛　邱潇潇
　　　　　许熠莹　徐乐祥　傅晓云　严增新

参编单位　浙江理工大学艺术与设计学院
　　　　　　中国美术学院工业设计系
　　　　　　浙江工业大学工业设计系
　　　　　　中国计量学院工业设计系
　　　　　　浙江大学工业设计系
　　　　　　温州大学美术与设计学院
　　　　　　浙江科技学院艺术设计系
　　　　　　江南大学设计学院
　　　　　　浙江林学院工业设计系
　　　　　　中国美术学院艺术设计职业技术学院

总　序（第二版）

《高等教育工业设计专业系列教材》推出以来，鞭策之褒、善意之贬纷至沓来，更有许多同道者本着对专业的热情和对教育事业的关心，纷纷加入本系列丛书再版的编撰行列，为保障本次续编工作的开展与完善成为可能，这正是我们期待的结果。

中国的工业设计教育正处在发展的重要历史时期，一方面，工业设计专业教育虽然在我国近年来有了迅猛发展，现有设置工业设计专业的高校200多所，大大超过了绝大多数的传统专业。然而，面对高等教育普及化的人才培养，专业教育不仅面临培养模式的转型，同时，在健全和完善专业教学体系等方面，也已成为众多设计院校教学改革的重心。本着这一宗旨与要求，我们推出《高等教育工业设计专业系列教材》以来，不仅赢得同道的关注与支持，而且也一定程度地推动了专业教学体系的健全和完善。许多高校纷纷来电订购，因此，系列教材为满足教学需要，再版重印已有三次之多。然而，另一方面，工业设计面临发展、改革与提高等诸多问题，专业课程教学的课程结构、内容和教学方法的建设，更是教学改革的重中之重，它不仅是推动专业人才培养目标的完善，而且也是不断促进与提高教学质量的重要保障。因此，根据本系列教材试用两年以来的反馈信息，进一步编撰修订本套丛书的思想和内容十分必要，也符合本专业教学体系的建设和课程探讨改革发展的需要。

本系列丛书在第二次8卷修订与编撰过程中，在保持策划初衷的基础上，针对课程体系的结构、内容和教学方法的建设，将进一步调整完善。增加了产品设计Illustrator、Cinema4d辅助产品表现，同时针对工业设计的实际应用，增加了必要的模具与材料的应用知识，并聚集来自不同高校的教学思想与方法，在保持课程教学稳定与规律的同时，新订教材注重突出特色、强化过程和体现多元化的教学风格。

系列丛书的再版续编获得各方专家学者的支持与帮助，在此，对专家学者和同仁们的鼓励，对所有参加编写工作人员付出的辛勤劳动，以及对中国建筑工业出版社的支持表示衷心的感谢！

《高等教育工业设计专业系列教材》主编

2009年5月杭州

前　言（第二版）

　　设计视觉表现对于一个工业设计师来说是其必须掌握的最基本的技能之一。对一个有经验、有成就的设计师而言，熟练而出众的设计语言表达是与人交流的最根本、最心随手到的方式，也是其自信心的重要来源。可见，流畅的视觉化的设计语言对于一个设计师的重要性，那么对于工业设计学科的在校学生而言，这种重要性则体现得更为明显。

　　由社会经济的发展随之带来的工业设计学科的发展是必然的趋势。工业设计视觉表现是工业设计的语言；是工业设计思想传达给人的媒介；是将无形的创意转化为可知的视觉形象的载体；是工业设计师设计能力的重要基础。因此，工业设计视觉表现能力的培养非常重要。

　　工业设计视觉表现之快速表现，要求掌握透视法则、各种工具及其运用技巧、材料特性，重点培养运用简洁的线条准确地表现形体。并要求在短时间内所表现产品的透视、比例、结构准确，线条流畅到位，能够把握好产品的形态语意，且提倡运用更多的表现手法。最终达到能把无形的创意转化为可知的视觉形象，掌握视觉化的设计语言，可使设计思维准确地快速再现。工业设计视觉表现及快速表现是综合了社会发展与学科发展的趋势，培养设计师基础的设计语言能力，使设计师与市场结合以提高市场竞争力，且有益于设计水平整体提高。

　　本书第一版的发行得到了许多同人的关心，并提出了众多宝贵的意见。因此，我们在本书再版的过程中，对本书的内容作出了大量修改。本次再版书中对设计表现概念有了更深入的分类；提出了快速表现的阶段式学习方法；对材质表现作出分类说明；在快速表现的运用中，添加了大量设计思维再现的内容。进一步深入探究快速表现再现设计思维的过程。

　　本书作为一本工业设计专业的基础教材，并不想高高在上讲一些学术的大道理，而是将一些实用的技法和作者实际运用的经验介绍给读者，作者相信这些经验或多或少会对将要从事工业设计的人们有所帮助，使之能掌握一些设计视觉表现的技巧和章法，有助于今后的设计工作。优秀的设计视觉表现绝不是设计师天生所具有的能力，这需要靠后天的努力与练习，没有什么捷径可言，当然本书也不会成为例外，只希望它能成为你成功路上的一块垫脚石。

作者

2009 年 3 月于杭州

目　录

第1章　概　论／007
第2章　工业设计视觉表现／011
　　（一）工业设计视觉表现分类及发展趋势／011
　　（二）工业设计视觉表现的基础和支持／012

第3章　工业设计视觉表现中的快速表现／014
　　（一）工业设计视觉表现中手绘概念／015
　　（二）快速表现分类／016
　　（三）快速表现的重要特征／017

第4章　快速表现的绘制工具和材料／019
第5章　快速表现的透视／023
第6章　快速表现原则与阶段／026
　　（一）快速表现原则／026
　　（二）快速表现阶段学习法／027

第7章　快速表现技法／030
　　（一）快速表现——速写（设计速写）／031
　　（二）快速表现——草图（设计草图）／086

第8章　快速表现中的材质表现／089
第9章　快速表现在工业设计中的运用／101
第10章　快速表现的发展趋势／145
　　（一）计算机快速表现／145
　　（二）产品插画表现／145

参考文献／156
致谢／156

第1章　概论

当今社会，设计概念已被广义化，设计一词延伸到了社会的各行各业，每个人对它都有不同的理解，这唤起了设计师们对包豪斯的向往与对纯粹风格的追求。尽管设计有这么多的变化，但是它根本的属性是不会随外在的不断变化而变化的，也就是说设计根本上就是把一个明确目的转化为一系列的客观因素：即要考虑到技术、制造、功能、形式等多方面的内容，发现问题，分析问题，解决问题。1980年，国际工业设计协会理事会（ICSID）给工业设计作了如下的定义："就批量生产的产品而言，设计师凭借他的训练、技术知识、经验及视觉感受而赋予产品材料、结构、构造、形态、色彩、表面加工以及装饰以新的品质和规格，叫作工业设计。之后，设计师利用自己的技术、知识、经验对产品进行宣传、展示、市场开发也属于工业设计范畴。"2001年国际工业设计协会（ICSID）第22届大会在韩国汉城（今称首尔）举行，大会发表了《2001汉城工业设计家宣言》（简称《宣言》）再次对工业设计定义：

挑战

——设计将不再是一个定义"为工业的设计"的术语。

——设计将不再仅将注意力集中在工业生产的方法上。

——设计将不再把环境看作是一个分离的实体。

——设计将不再只创造物质的幸福。

使命

——工业设计应当通过将"为什么"的重要性置于对"怎么样"这一早熟问题的结论性问题之前，在人们和他们的人工环境之间寻求一种前摄关系。

——设计应当通过在"主体"和"客体"之间寻求和谐，在人与人、人与物、人与自然、心灵与身体之间营造多重平等和整体的关系。

——工业设计应当通过联系"可见"与"不可见"，鼓励人们体验生活的深度与广度。

——工业设计应当是一个开放概念，灵活地适应现代和未来的需求。

重要使命

——我们作为伦理的工业设计家,应当培育人们的自主性,并通过提供使个人能够创造性地运用人工制品的机会,使人们树立起他们的尊严。

——我们作为全球的工业设计家,应当通过协调影响可持续发展的不同方面,如:政治、经济、文化、技术和环境,来实现可持续发展的目标。

——我们作为启蒙的工业设计家,应当推广一种生活,使人们重新发现隐藏在日常存在后更深层的价值和含义,而不是刺激人们无止境的欲望。

——我们作为人文的工业设计家,应当通过制造文化间的对话,为"文化共存"作贡献,同时尊重它们的多样性。

——最重要的是作为负责的工业设计家,我们必须清楚今天的决定会影响到明天的事物。

| 包豪斯校舍外观　德绍
| 包豪斯奠基人沃尔特·格罗皮乌斯　1920年
| 马歇尔·布劳耶的"瓦西里"椅　材料:钢管、皮革　1925年设计

由此可见,工业设计是在不断发展的,其内容是包罗万象的,范围之广,使每一个从事工业设计的工作人员感到巨大的压力。从事工业设计职业的人的任务是非常艰巨的。无疑对于我们未来的设计师而言,摆在面前的道路是曲折与艰辛的。

对我们设计师来说,社会环境的变化意味着对我们的巨大的挑战。就设计本身而言,它的发展是非常迅速的,各种新的思潮和流派如雨后春笋一般层出不穷。新信息、新媒介呈爆炸式发展,新技术、新材料每时每刻都在发生着变化。这样,光凭设计师的个人能力是无法完全跟上这种发展速度的。那么,去掌握这其中的基本准则和具有规律性的东西就显得尤其重要。因此,熟练地掌握基本的设计原则并把它很好地贯彻到设计中去是每一个设计师都应该做到的。德国工业设计协会已制定了这样的标准，协会指出一个好的工业设计作品也应当具备这些设计原则。

这些标准分为两个层次：消费者和生产者。设计师必须对消费者有足够的了解才能做好设计，毕竟我们设计的宗旨是为了人而设计。同时设计师也要重视生产厂家的呼声，设计师对生产商也负有一定的责任。

对于消费者来说，我们又把它分为三个层次：观察者、使用者和拥有者。就观察者这一层次来说，这一部分消费者的消费比较感性，更注重产品那吸引人的外表，毕竟美观是很多人所追求的。使用者层次的人消费时更理性些，他们往往重视产品的性能、价格，这部分消费者也是这几个层次里人数最多的。拥有者层次的人不太注重产品的功能，但他们要求产品能体现他们的身份和社会地位，这部分人往往处于社会的高层。

就观察者层次而言，它是产品形式方面的美学的准则。有以下几点：

吸引性 产品能使人的感观上、精神上产生刺激效果以使人产生愉悦，就总的外观而言，产品应能给使用者以启示，赋予使用者快乐的感受，并能刺激使用者的感官，不论是在何处，它都能唤起人们的好奇心，激起使用者实现自己想法的意念，又或许引起使用者的各种兴趣。简而言之，它应当从形式上有助于引导使用者步入产品的内涵。

独创性 产品设计应该避免无意或刻意的剽窃行为。产品不能是对其他产品的简单的模仿，在形式上必须有自己的特点。

合适性 产品应当具备造型上的说服能力，它的根本的形态来源应可被识别，它的各个部分形态、体积、尺度、色彩、材质及图案应具备整体的可读性。

识别性 即使用上的可视性。不管是何种可能，产品应该能从形式上和视觉上准确地传达信息，使用户可以一目了然，很清楚地知道产品的功能和用途是什么，是如何运作的，从而方便地实现对它的操作。

使用者的层次是产品的物理学方面的原则，是从产品的功能的角度来审视的：

实用性 是指产品经优化具备最佳的使用性和无可挑剔的运作状况。

安全性 产品应该有足够的安全性，使用时产品不会很容易被损坏，不能对人造成伤害。产品应附上所有相关的安全指示说明以及操作标准，另外，还应充分考虑到可能产生的任何不经意的错误操作，以避免在使用和操作过程中潜在的伤害。

人机性 产品的尺度要求合适，人机界面也要求亲切怡人，在使用中产品应当同用户的生理需求相适应。换句话说，产品应具备简单的操作性、明确的可读性、适当的工作高度、合宜的伸展距离，使用户获得充分的舒适感，以避免额外产生的即使是最小的疲劳。

耐久性 产品应该确保它的审美功能同它所使用的材料的可用期限之间良好的平衡。

瑞士 SIGG 系列饮料水壶
材料工艺：轻型铝合金
热熔喷涂法

协调性 产品设计应该和所使用的空间相适应。无论是功能还是形式，除了产品本身，还应该考虑到同它相关的一类或是一系列产品，这些产品会共同形成一个整体；同时，对造型、色彩及材料也要有充分的考虑，满足各种已知的需求并要同使用者的身份联系起来。

环保性 产品在制造和使用过程中，应使能源和自然资源的消耗达到最小化，不应招致污染，尽量做到能够循环再利用。

拥有者层次是产品社会学方面的内容：

个　性 产品应当能代表其使用者的个性。

系统性 产品应当纳入到一个系统里来设计，它从来就不是孤立的，该系统产品应该能代表生产厂家的整体形象，有助于其品位的提升。

以上我们提到的是整个设计原则的一个层面，也就是消费者层面，这里还有另一层面，它就是生产者方面的原则：

经济性 产品应当物美价廉。产品应当能有效地控制成本，以减少不必要的细节，保留主要的东西。

维修性 产品应该能便于修理，能够多次维修，以减少浪费。

世界性 产品应该可以在世界各地生产，以节约成本，产品也能够适合远距离运输，包装的体积要小，销售便捷。

以上就是德国工业设计协会所认证的标准。无论你的任务是实现还是鉴定一个好的设计，以上几点都是应该被重视的。根据各种产品的特性的不同，也就是根据产品的功能不同，去参选上述标准，产品必须符合其主要的任务，毕竟设计一把椅子和一只手机是完全不同的，前者要使用相当长的时间，而后者注定要在几年内淘汰。从事设计的人都应该意识到这些并自觉地按照这样的标准去做设计。

可以说上述的一些设计原则规范了设计师的设计思维，但是我们也应该看到设计师遵循这些设计原则的同时，对于具体的技能（这里指设计师的交流语言）也是同样重视的。人的思维总是要通过特定媒介传达出来的，对于设计师来说其传达的重要性不亚于其思维。本书的主旨就是想解决这一问题。

第 2 章　工业设计视觉表现

工业设计是一门综合性的社会交叉学科，它涉及美学、机械学、人机工程学、心理学、营销学等各种学科的相关知识。在人类文明的发展中，工业设计又作为一种文化形式是伴随着大工业生产技术、艺术和经济相结合而产生的。在工业设计发展的百余年的历史中，"功能与形式的统一"、"艺术与技术的统一"、"微观与宏观的统一"，一直是工业设计的方法论，也一直是工业设计师们追求的目标。如何在各种学科的相互影响下，在追求三个统一的方法论的原则上，良好地再现设计师的思维是设计师必须探讨的问题和掌握的能力。

在人类生存的社会中充满交流，交流使人进步。在古时，人类最初是用发出叫喊声交流，语言的产生促使人类进入一个崭新的高速发展的时期。而"语言"成为人类交流传达情感的工具。在现今社会中"语言"的方式被广义化，它不仅仅是说话被称为"语言"了。作者的语言是文字，音乐家的语言是五线谱，舞蹈家的语言是肢体的动作，但这些"语言"有一共同的特征，即它们都是传达思维情感的工具。对一个有经验、有成就的设计师而言，熟练而出众的设计语言表达是交流的最根本、最心随手到的方式，也是其自信心的重要来源。可见流畅的视觉化的设计语言对一个设计师来说是多么的重要。那么什么是工业设计师的视觉化的语言，工业设计师又如何传达思维、情感？

| 五线谱

（一）工业设计视觉表现分类及发展趋势

从工业设计的整个流程及发展历史来分析，工业设计视觉表现也就是工业设计师的视觉化语言可以分为两大类：一是二维方面，二是三维方面。二维方面：快速表现（速写、草图）、效果图、三视图、电脑效果图。三维方面：设计模型、展示模型、样机、产品实物。

从中可知，在设计流程中只有在设计方案通过快速表现（草图）的方式再现并基本确立的基础上，才能对设计方案进行进一步的效果图、三视图、电脑效果图、模型、样机的分析研究。因此，在工业设计视觉表现中快速表现是设计师思维的再现重点，是发展的趋势。

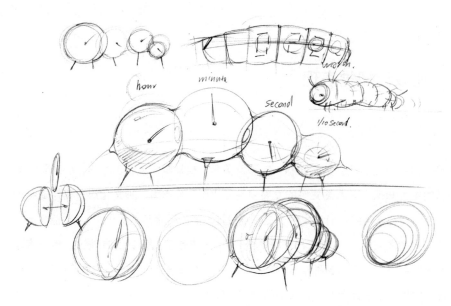

| 快速表现设计师思维

（二）工业设计视觉表现的基础和支持

　　工业设计视觉表现中，设计师同样要追求艺术与技术的统一、功能与形式的统一、微观与宏观的统一，这一工业设计的方法论。良好的设计视觉表现是要通过多方面的共同作用，才能达到的。

　　第一是艺术修养。工业设计应是一个审美、创造、表现结合的学科。毕竟，工业设计师不是纯粹的艺术家，不能用纯艺术的想像来完成设计，而是要把想像利用科学技术转化为对人有实际价值的产品，思维是通过独有的视觉化的语言来传达的，但是在这一过程中同样要意识到产品是现代科技与艺术的结晶，是功能与美观的统一。作为设计师在设计中首要重视的就是审美，运用"点、线、面及统一与变化、对比与调和、节奏与韵律"等造型要素及美学原理并结合色彩、材质等设计元素，来表现设计师思维中的完美产品的形态。同时，在工业设计视觉表现中要求设计师不断地提高自我的艺术修养，涉足多种艺术形式及艺术史知识。因为受到艺术熏陶的人更能有出众的创造力和审美能力。这就如同音乐家是一类听觉工作者，他们要给人们带来听觉的美感和享受，那么工业设计师就是一类视觉工作者，其职责需带给大众具有美感的视觉享受。所以，工业设计视觉表现中必须要以艺术修养为基础和支持。

| 石刻

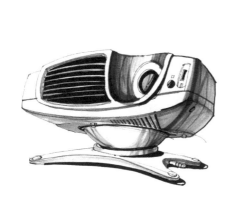

|快速表现练习

第二是专业及科学技术。对于工业设计视觉表现来说，对专业技术的良好掌握一直影响表现效果的好坏。比如一个学生的绘画线条能力良好，但透视不过关，那么他的视觉表现是不会准确的；又如一个学生透视基础良好，但对产品结构不理解，同样视觉表现也不会准确。总之，作为设计视觉表现的基础与支持，设计师必须注重各种专业知识，如透视法、人机工程学、机械基础、工程制图等专业知识。同时，对科学技术的了解也是重要的基础之一，如材料学的发展、新能源的利用都能影响设计视觉表现的改进和发展。注重专业及科学技术，设计视觉表现才能合理准确并与时代相结合。

最后还要提及一重要的基础和支持，就是自我的练习。优秀的设计视觉表现从来就不是天生所具有的，一定是要靠后天的努力，没有什么捷径可言。优秀的设计视觉表现只有以上述三点为基础和支持，不断努力才能成功。

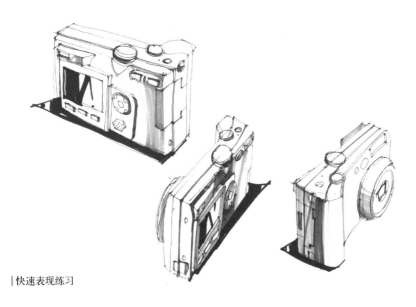

|快速表现练习

第3章 工业设计视觉表现中的快速表现

在工业设计视觉表现章节中已提到了快速表现这一概念,快速表现这一理念的引入是社会及学科发展的趋势。现教学中对工业设计视觉表现偏重水粉逼真表现,由于水粉逼真表现耗时长,表现手法单一,这种教学方式直接影响到学生在后续的产品设计、专题设计、毕业设计等课程中的表现。由于工业设计行业的发展对视觉表现手法有了进一步的要求,在短时间内概括出产品的特征并快速与计算机接轨,快速表现理念引入可以使设计思维再现的慢而单一的问题得以解决。这一理念的引入符合社会快速发展的趋势并会被逐步地广泛地运用。因此,快速表现理念应引入工业设计发展中。以快速表现理念为基础,掌握透视法则、各种工具和技巧、材料特性,重点培养运用简洁的线条准确地表现形体;要求在短时间内所表现产品的透视、比例、结构准确,线条流畅到位,把握好产品的形态语意,并提倡运用更多的表现手法。最终达到能把无形的创意转化为可知的视觉形象,掌握视觉化的设计语言使设计思维准确、快速再现。工业设计视觉表现及快速表现是综合了社会发展与学科发展的趋势,培养设计师基础的设计语言能力,使设计师与市场结合以提高市场竞争力,有益于设计水平整体提高。工业设计视觉表现中快速表现是设计师思维的再现的重点。

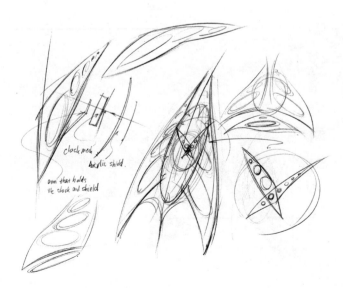

|快速表现——钟

（一）工业设计视觉表现中手绘概念

在工业设计流程中不难看出，"手绘"是工业设计视觉表现的基本形式。"手绘"的概念在工业设计中运用广泛，在工业设计视觉表现中可以被称为"手绘"的有快速表现、速写、草图、效果图等，比较容易混淆，这里我们来分析一下：

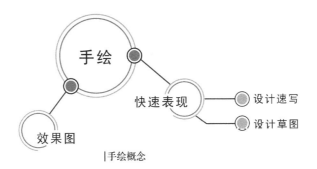

|手绘概念

效果图是工业设计行业中较传统的概念，通常理解为水粉逼真效果图（水粉透底法），其用时长，设计思维的表达慢，表现手法单一，逐步淡出工业设计行业，在近几年的工业设计教学中的运用逐步减少。快速表现其用时短，设计思维的表达快，是工业设计发展的趋势，在教学与实际设计中运用得越来越多。速写（设计速写）与草图（设计草图）是快速表现纵向划分的两个类别，速写（设计速写）是工业设计师及学习工业设计的学生平时练习快速表现的形式，以临摹的形式为主。草图（设计草图）也可以称为方案草图，是工业设计师及学习工业设计的学生在设计流程中思维再现的形式。综上所述，我们不难看出快速表现是工业设计视觉表现的发展趋势及重点。

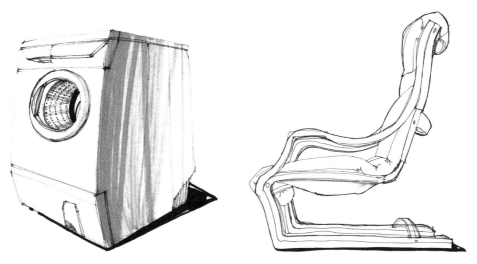

|速写（设计速写）

|草图(设计草图)

(二)快速表现分类

　　快速表现理念的定义主要是由设计视觉表现的时间长短划分的。上面我们已讲了快速表现纵向划分,快速表现的横向划分可以分为设计快速表现和展示快速表现两大类。

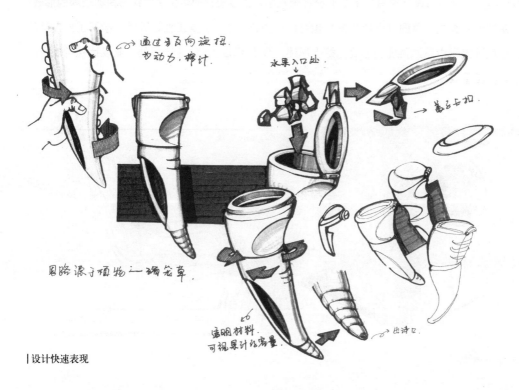

|设计快速表现

设计快速表现是设计师之间交流的语言，它可以不用太多的修饰，只要把想象中产品的形态准确、快速再现出来，有助于和其他设计师交流、修改再交流就可以了，毕竟设计师都是专业人士，对产品的特征可以快速理解。因此，设计快速表现可以称为草图（设计草图）。

展示快速表现是设计师与客户、使用者的交流的语言，由于客户与使用者并非专业人士，需要对产品的特征从结构、光泽、色彩、肌理、材质效果等多方面详细表现才能使其理解，达到交流的目的。因此，展示快速表现可以称为精致快速表现。

|展示快速表现

（三）快速表现的重要特征

1. 准确再现

通过透视、比例、结构、色彩、质感及流畅到位的线条表现产品的准确形态。快速表现最重要的特征在于"准确"再现设计师的思维，将无形的创意转化为视觉化的语言，正确地传达新产品的各种特征，并能让专业或非专业人士都能理解，达到交流的目的。所以，是否能准确地表现直接影响沟通和判断的优劣。

2. 快速再现

由于现代产品市场竞争非常激烈，产品开发周期相对会缩短，对设计视觉表现手法有了进一步的要求，需要在短时间内概括出产品的特性。这也符合社会快速发展的趋势。再者，工业设计是一个需要团队合作的过程，这一过程快速再现设计师的思维，有利于设计师相互交流、互相启发、互相提出合理性建议对产品方案进行改进。

3. 美观再现

设计快速表现虽不是纯艺术品，但必须有一定的艺术魅力。具有美感的快速表现简洁、有视觉冲击力，除了可以表现产品的形状、色彩、质感、比例，还可以让设计工作得以顺利进行，自然也可以体现设计师的品质和修养。优秀的快速表现本身就应是一件好的装饰品，它可以达到"艺术与技术的统一"的目标。同时，美观再现设计师的思维可以使方案更有说服力，会得到更多的青睐。

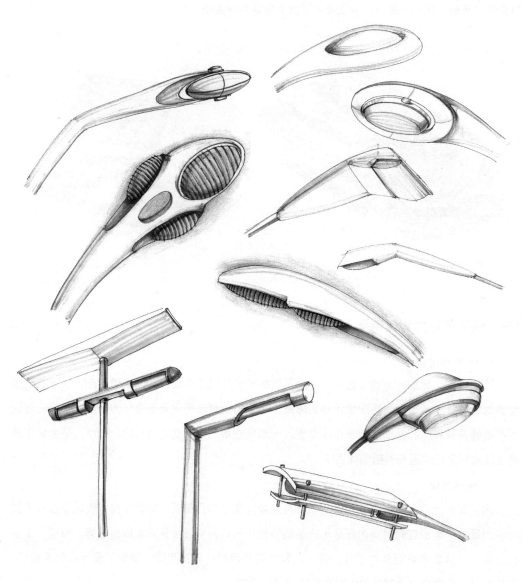

| 快速表现——路灯

第4章　快速表现的绘制工具和材料

工欲善其事，必先利其器，我们先讲一讲绘图所需要的工具。

勾线笔　主要用来勾画产品的内外轮廓线，绘制设计草图通常使用黑色或者是蓝色的笔，包括圆珠笔、钢笔、针管笔、走珠笔，这种类型的笔要求出水流畅，而且是要速干型的，以免污染纸面。

马克笔　是快速表现技法里的最重要的工具，其中常用于绘制块面草图和淡彩草图的马克笔有冷灰和暖灰两个系列，即C3、C5、C7或者W3、W5、W7系列的马克笔。C是英文cold的第一个字母，我们称之为冷灰系列。W是英文warm的第一个字母，代表暖灰系列。这类马克笔的用量非常大，因此，在条件允许的情况下最好多备一些。事实上大多数的产品的颜色都是以灰色调为主的。马克笔有水性、酒精、油性之分。水性的马克笔是以水为溶剂，性能最弱，通常覆盖时笔触之间互有干扰，而且颜色偏灰，使得所绘制的画面不够响亮。但可以用于材质粗糙、肌理丰富产品的绘制，并且其价格便宜，日本的内田马克笔就属于这一种。酒精和油性的马克笔绘画效果较好，但价格较贵。酒精马克笔是以酒精作为溶剂，其代表品牌有日本tools corporation的COPIC马克笔，这种马克笔的笔触之间可以很好地融在一起，使画面看上去比较夺目，色彩均匀，但其价格也是很贵的。我们推荐最近tools corporation出品针对学生的PRACTICE院校系列，色彩也比较均匀，就是色彩种类比COPIC少，但价格相对便宜。还有韩国

| 马克笔

的 TOUCH 的酒精马克笔，效果不错，价格比较便宜。但同 COPIC 相比，其颜色不是很准，有偏深的倾向。油性马克笔，性能也很不错，笔触可以覆盖，但国内比较少见，而且其溶剂是甲苯，对人体有一定的伤害，因此绘画时要把窗户打开，注意通风，并画半个小时休息一下。另外，还要备上一支黑色的马克笔，不能是水性的，因为其颜色不够黑，起不到良好的效果。彩色系列的马克笔对于表现产品的丰富多彩很有帮助，马克笔的色彩种类有很多，挑选的时候难免眼花缭乱，可以按照冷暖色系、对比色、邻近色的原则购买。最重要的是在购买时尽量让色彩可以柔和地连接上，如购买红色不要单独挑选深红，条件允许最好购买红色系列，这样有助于绘画时色彩的衔接。记住，那些太艳的或是太灰的马克笔单独购买没有太多的用处，虽然有些颜色比较好看，但建议少量单独购买为宜。

  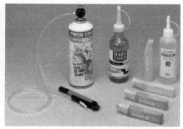

| 马克笔的使用方法

色粉 是仅次于马克笔的一种重要的工具，一般被用在产品表面大面积的绘制，比如汽车亮面的调子。市场上有日本的樱花和德国的红天鹅这两种品牌，后者比较少见。色粉很容易损坏，购买时一定要注意纸盒包装。色粉可以购买单支或盒装，前者便于选择，后者涵盖了平时所使用的大部分色彩。选购的原则和马克笔的选购原则一样。和色粉配合使用的还有爽身粉，用来调匀色粉，便于更好地使色粉附着在纸上面，还可以使画面的色彩深浅表现得更加平滑光洁。用来擦色粉的还要准备药用脱脂棉花，或者是表面光滑没有花纹的餐巾纸，或者是女性化妆时使用的化妆棉。现在也有专用的色粉棉，但很难买到，价格也不便宜。色粉画完后要使用定画液将色粉固定在纸面上，进口的定画液价格昂贵，以 3M 为代表。国产的定画液质量一般，有刺激性气味。建议寻找可代替材料，例如：头发护理使用的定发水，也能取得较好的效果。

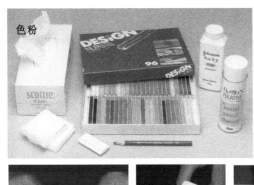

| 色粉的使用方法

彩色铅笔 是一种可以即用的简便的工具，它是由经过严格挑选的、具有高吸附显色性的高级微粒颜料制成。它具有较高的色彩透明度，在各类型纸上使用时都能均匀着色、流畅描绘。但大面积上色的效果不如色粉，适合于小面积的绘制以及艺术性的表现构思。彩色铅笔又可以分为水溶性和非水溶性两种，建议购买性能更好的后者。这种绘画工具的选购原则和马克笔一样，购买是可以单支购买或者是购买套装。德国辉柏嘉和施德楼的彩铅性能良好，可以作为主要的选购对象。

高光的工具 是一种不可或缺的工具，其中高光笔可以说是一种性价比最好的工具，价格便宜而且绘制的效果较好。有时绘制的线条可能不够白而不能较好地覆盖住底色，这时使用涂改液可以较好地解决问题，但是涂改液也有个缺点，那就是它只适合点大面积的高光，因为其

| 云尺 | 界尺的使用方法

| 一次性针笔与遮挡纸

| 马克笔专用纸　　　　　　　　　　| 其他工具

笔头一般较粗大。在这种情况下最好使用传统的白色广告色，要使用国画中所使用的叶筋笔并配合界尺来完成高光的绘制。白色彩铅适合用来绘制产品暗部的高光或反光，因为白的彩铅附着力不强而产品的暗部的高光和反光通常不是很明显。通常可塑性橡皮适合擦出产品的柔面高光区，硬的橡皮则可用来擦出较锐利的高光。

尺和模板　是我们画尺寸方案图及成比例方案图的常用的工具。一般要备有直尺、大小两幅三角板、曲线板、圆模板和椭圆模板。此外特别要注意的是最好准备一支可以夹较粗马克笔的圆规，这类圆规用处很大，画较大的圆通常要借助它们。

纸张　用于工业设计快速表现的可以分为三大类：一类是白纸，一类是色纸，另一类是描图纸（硫酸纸）。快速表现通常使用白纸类中的 A4 或者 A3 的复印纸来绘制。

第5章 | 快速表现的透视

透视技法是以画法几何中心投影原理为依据的作图方法。它运用线来表示立体物象的空间位置及直观轮廓。相对于绘画中以明暗、浓淡、虚实来表示物像远近关系的"空气透视"而言,透视图的技法发展至今已形成一门完整的学科。透视学作为一门独立的学科其应用是相当广泛的,特别是在快速表现方面。要掌握好快速表现,首先要掌握好透视的规律,一张画如果连最基本的透视都存在严重问题的话,那将极大地影响整张作品效果。在快速表现的过程中,没有时间也没有必要把大量精力花在求标准的透视上面,我们只要掌握最基本的透视法则,不要犯原则性的错误就可以了(前提在素描等造型基础学习中已有良好透视基础)。

由于物体相对画面的位置和角度不同,在快速表现中通常有三种不同的透视图形式,即一点透视、两点透视和三点透视。

一点透视多用来表现主立面较复杂而其他面较简单的产品,也称之为平行透视。两点透视在平时用得最多,也称之为成角透视。两点透视能较全面地反应物体几个面的情况,且可根据构图和表现的需要自由地选择角度,透视图形立体感较强,故为快速表现中应用最多的透视图类型。三点透视在设计实践中应用较少,它有三个灭点,建筑效果图中应用较多,在产品快速表现中多用于产品特殊细节与角度的表现。

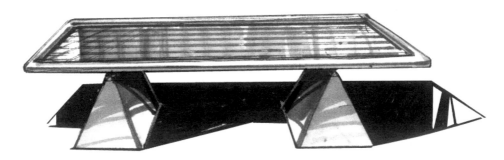

| 一点透视(平行透视)

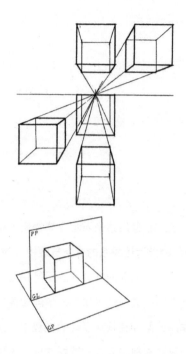

一点透视（平行透视）

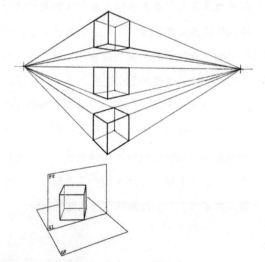

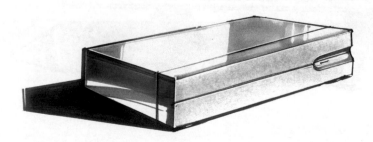

两点透视（成角透视）

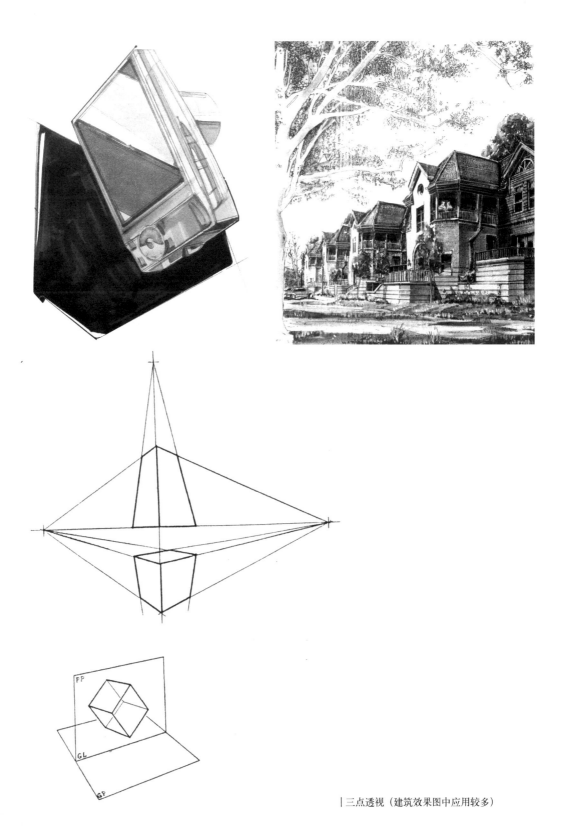

|三点透视（建筑效果图中应用较多）

第6章 快速表现原则与阶段

快速表现是一种工业设计学科的技能学习课程，与电脑技能课程一样，被认为是不断练习就能掌握的技能。这一点笔者并不否认，但在快速表现学习中要重视观察方法的正确性。观察方法的正确，会使学习事半功倍，并会影响今后的设计视角。工业设计快速表现是技术——技能——能力的综合培养。工业设计可以说是设计学科中的立体学科，工业设计的观察方法重点是要求"立体地看"、"前后地看"、"左右地看"、"分清从属关系地看"。观察方法贯穿这个设计学习的过程，所以作为设计学习最先前的快速表现重视观察方法尤为重要。再之，快速表现的学习并不是单一手绘的练习，我们学习并不是为了成为优秀的快速表现（或效果图）专家，而是要学习视觉化的设计语言，使设计思维准确、快速再现，达到交流的目的，从而成为优秀的设计师。

在第三章中我们讲到了快速表现纵向划分、横向划分。纵向划分是从快速表现学习的阶段的表现形式来分的。横向划分是从交流的人群来分的。速写（设计速写）与草图（设计草图）是快速表现纵向划分的两个类别，速写（设计速写）是工业设计师及学习工业设计的学生平时练习快速表现的形式，以临摹的形式为主；草图（设计草图）也可以称为方案草图，是工业设计师及学习工业设计的学生在设计流程中，思维再现的形式。从中不难看出，速写（设计速写）是设计的学习、积累阶段的表现形式；而草图（设计草图）是设计的运用阶段的表现形式。速写（设计速写）没有再现自己的思维，但要学习他人再现思维的方法；草图（设计草图）要运用各种方法使自己的思维准确、快速再现，两者之间表现原则是一致的。设计快速表现和展示快速表现是快速表现横向划分的两个类别，前者重形态，后者重整体的效果，两者之间表现的程度不同，但表现原则也是一致的。

（一）快速表现原则

在第三章中我们讲到了快速表现的重要特征：准确再现、快速再现、美观再现，同时快速表现的原则有以下几点：

1. 以正确的观察方法为指导，多看多想少动笔

在快速表现中要把描绘的过程作为认识和理解对象的过程，用正确的观察方法指导快速表现。着重思考产品的来龙去脉，要去理解地画，而不是表面的摹写。不思考地摹画只能是事倍功半，只有脑、眼、手的一起运用才能达到事半功倍的效果。强调的不是不动笔而是要在动笔之前多加思考，这样才有助于理解地画，这对于提高专业绘画能力来说非常重要。

2. 积累再积累，运用于心

快速表现中对于产品资料的积累在某种程度上能有助于设计师对产品设计的创新。在积累过程中要重视产品的细节结构、细节转折，同时积累优秀的产品感。很显然，没有一定的积累，设计师的头脑中将会是一片空白，以至于拿到设计课题却无从下手，"心随手到"设计师的能力培养从快速表现就开始了。

3. 抓住重点，表现重点，捕捉瞬间形态

任何作品都有主次、轻重之分，关键是要突出产品的特征，给人以十分鲜明的印象，千万不能平均对待，都是重点就是没有重点。有些事物只会在眼前一闪而过，就像灵感一样。这种稍纵即逝的事物很多情况下你将无法再次寻求到，应该用纸笔将其很容易地记录下来以备不时之需。这一点对于设计师来说尤其重要，一些经典的设计也许就是诞生在一张报纸上甚至是一张餐巾纸上。

（二）快速表现阶段学习法

把握快速表现的特征与原则，用阶段学习法学习快速表现。正确认识自己的水平及所属的学习阶段，不断练习提高，从量变达到质变是快速表现学习的必经之路。

1. 临摹阶段（技术训练阶段）——临摹产品照片及快速表现图，积累产品感、产品细节处理方式。阶段重点：形准（透视、结构）；线条的运用；明暗、色彩的处理。

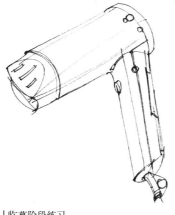
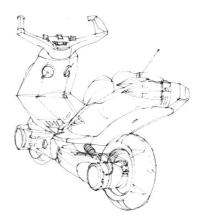

|临摹阶段练习

2. 默写及改良阶段（技能训练阶段）——在临摹、积累的基础上默写产品及产品细节，添加自己的思维对产品作改良表现。阶段重点：产品的材质表现；构图；表现视角；表现风格

| 默写及改良阶段练习

3. 思维再现阶段（能力训练阶段）——在经过前两个阶段后我们基本可以做到"心随手到"，随着设计方法等学习的同时深入，我们的设计思维可以转化为可知的视觉形象再现到纸面上了，这时所谓的快速表现技能，质变成为我们的设计能力，可以综合运用于设计中，达到交流的目的。阶段重点：用各种表现方法，涉及多种产品，使设计思维转化为可知的视觉形象。

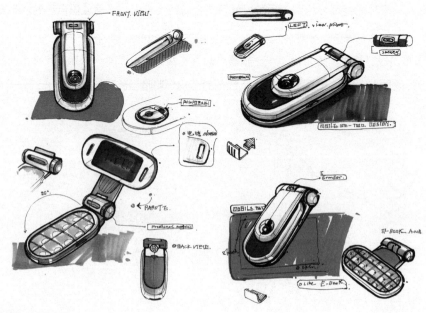

| 思维再现阶段练习

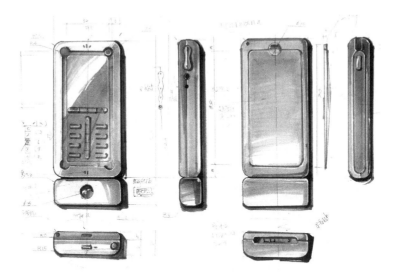

|电子产品

不难看出快速表现的学习是层层递进的,每个学习者在学习快速表现的过程中都会经历技术——技能——能力的转化,最终达到思维再现阶段。同时在我们的设计生活中设计是不断发展进步的学科,学无止境,因此,以上三个阶段各有其作用,可以相互交叉练习。

第7章　快速表现技法

从前面的介绍中，我们认识到临摹阶段（技术训练阶段）是快速表现最基础的阶段，并且临摹阶段也是最艰苦的阶段，我们需要大量的练习、思考、分析、再练习才能完成这一阶段，速写（设计速写）是这一阶段的表现形式；默写及改良阶段（技能训练阶段）是快速表现的过渡阶段，速写（设计速写）是主要表现形式；思维再现阶段（能力训练阶段）已进入设计的运用阶段，草图（设计草图）是这一阶段的表现形式。

快速表现中的速写（设计速写）是学习、积累的阶段的表现形式，也是我们接触快速表现的第一步。

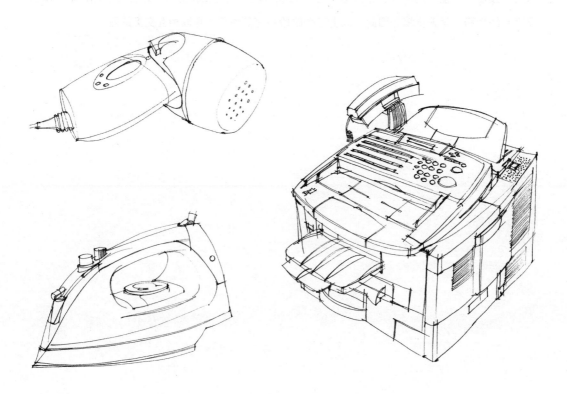

（一）快速表现——速写（设计速写）

速写（设计速写）是对客观事物的观察、分析，并加以再现，是脑、眼、手综合运用的活动过程。长期的速写（设计速写）练习不仅可以快速记录形象、积累素材，提高对形态的敏锐感受力，以及手的表现能力（即手绘），更重要的是可以提高和加强形象思维的反应能力，从而活跃设计构思。平时大量速写（设计速写）训练是提高草图（设计草图）能力的重要途径，也是提高快速表现技法的重要途径，进而提高设计师的艺术修养。因为只有量变才能引起质变。速写（设计速写）是根据产品设计的特点及需求形成的一种快速、简捷、准确表现造型形象的基本技法。它是记录造型形象，表现造型设计构思的重要手段。设计师必须也只有这样才能更好地从事设计工作。

速写（设计速写）在明确地反映产品形态构思的前提下，要尽可能快速地、准确地记录大脑中不断涌现的各种造型构思和意象，这就不仅要求设计师具有对结构丰富想像力和理解力，还需具备熟练的徒手画技巧。只有凭借这一技巧，设计师才能在设计构思过程中做到"心随手记"。以速写的方式追踪和体现思维的发展，学习和掌握徒手画的基本技法是画好草图的必要的基本功。因此，切实加强设计师速写能力显得非常重要。

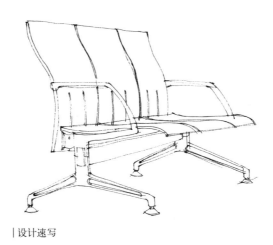

| 设计速写

1. 速写（设计速写）的作用

（1）速写（设计速写）可快速记录形象以及收集资料

通过速写（设计速写）的方式来体会产品设计的精髓，把握时代的脉搏，用概括的方式记录描写他人的优秀设计作品，积累大量的设计素材，加深对形体的理解，从而丰富充实设计师的设计语言，为想像力提供源泉，为今后的设计创新奠定坚定的造型基础，同时为打开设计的大门积累了大量的纪实性资料。

(2) 速写 (设计速写) 是表达设计构思的语言

速写 (设计速写) 是一种传达"形"的专门语言，一种简捷、概括性极强的设计语言，在很大程度上是一种程式化的设计语言。由于它言简意赅，不拘泥于细枝末节，因而可塑性强，有利于大量原发性设计方案的产生和设计思路的扩展。因此，设计速写在设计初期阶段和设计展开阶段都具有极其重要的意义。即使在电脑得到广泛运用的今天，设计速写仍有它不可取代的作用，因为设计师通过纸和笔来思考是一种最自然的方式，是一种最原生的状态。这种朴素而充满智慧的方式，无论如何都不会被技术所取代的，这是人类的天性，人类需要这自然的一面。

(3) 通过速写 (设计速写) 提高设计师设计修养

设计速写是直接体验设计文化，提高艺术修养的有效途径。设计速写作为传达"形"的专门设计语言，它具备了设计造型艺术所应有的一切特征，例如整体统一、对比协调、节奏秩序、疏密排列等等，即学习设计速写就是学习造型艺术，有助于设计师审美水平的提高。

2. 速写 (设计速写) 基本原则

(1) 所描述对象的形体准确无误

这也就是我们平时所常说的"形要准"，这是一切绘画的基本点，只有把握住了形体，才能进一步地进行深入刻画。"形准"有三个层面的意义：透视准确；结构清晰；处理合理到位（重点突出）。

(2) 色调、光影、质感

这三者是附着于形体结构之上的，我们在此基础上则要全面地表现产品的光影关系、色彩关系，空间关系等等，质感也是要表现的。

(3) 构图

构图在整个描绘中的作用不可忽视，只有好的构图才能使人清晰地了解产品的全貌，并以好的角度欣赏设计师的作品，而不会感觉到有什么不妥的地方。

3. 速写 (设计速写) 基本技法——线

(1) 线是徒手画的最本质的语汇。快捷、自信而肯定的线条构成整体，细部以及色调使构思呈现在平面的图纸上，具有较强的表达力。如果运用得当，不同疏密、粗细的线条及其组合，可以获得明暗层次和光影色调的效果。不同的线条组合具有不同的视觉效果，刚劲挺拔的线与轻松自由的线形成了不同的性格和效果，这样也就具有不同的风格。

(2) 线的不同表现力可以通过徒手练习各种基本线条来加以掌握，从而在设计实践中做到熟能生巧、运用自如。

(3) 除了运用线条的疏密变化来形成不同的色调层次外，淡墨和淡彩也可以用来渲染明暗关系和色调层次。

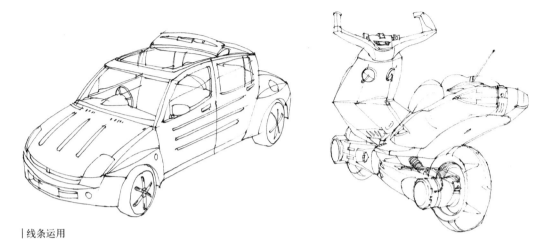

|线条运用

4. 速写（设计速写）的分类

速写（设计速写）可分为线描速写、素描速写、块面速写、淡彩速写。

(1) 线描速写

定义：用铅笔或钢笔等工具以单线形式为主勾画产品内、外轮廓和结构的图形称为线描速写。

特点：线描速写是以最为简练、快捷的表达方式，多以徒手画线完成，较为自由。虽是单线为主，但如根据工具的特点，改变运笔时的用力程度，则可获得线条的粗细、轻重和虚实的变化，表现出一定的空间感、体积感和结构感。

要求：依靠单线勾描的方式表现物体的形象，设计者控制线条的粗细、浓淡、虚实、刚柔，用以表达物体的轮廓、体量、主次、结构、前后、凹凸等等关系。这种方法线条清晰、简明扼要，为一切表现形式的基础。

方法：可以在一整幅画中使用统一的线条，也能用粗细变化的线条，或者加粗画面中某一个局部使之和背景分离，同此加强虚实关系和对比等等。

线描速写实例

① IT 及家用产品

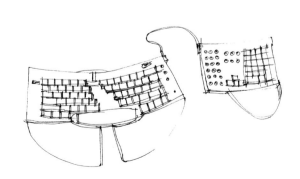

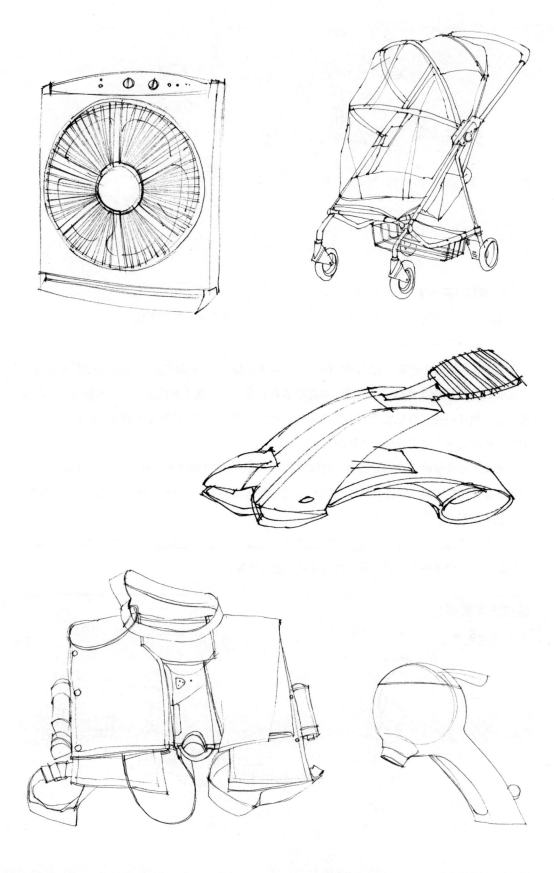

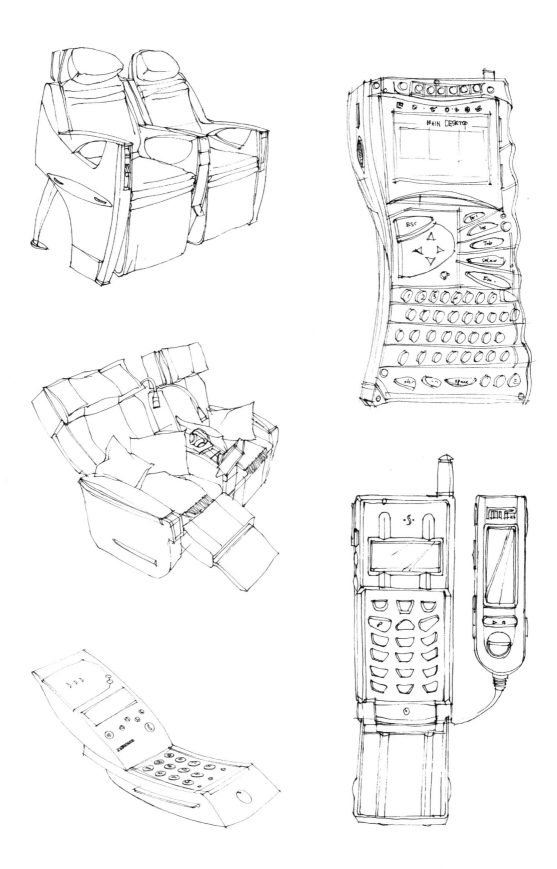

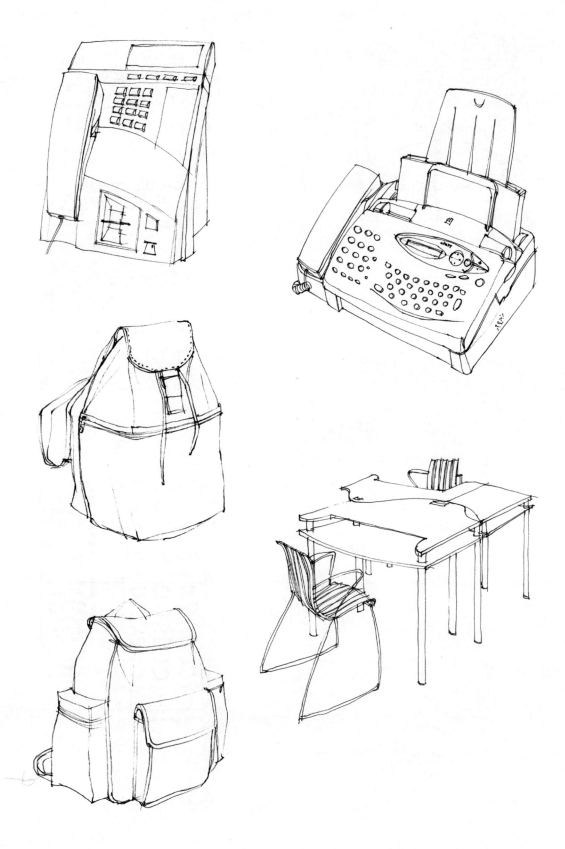

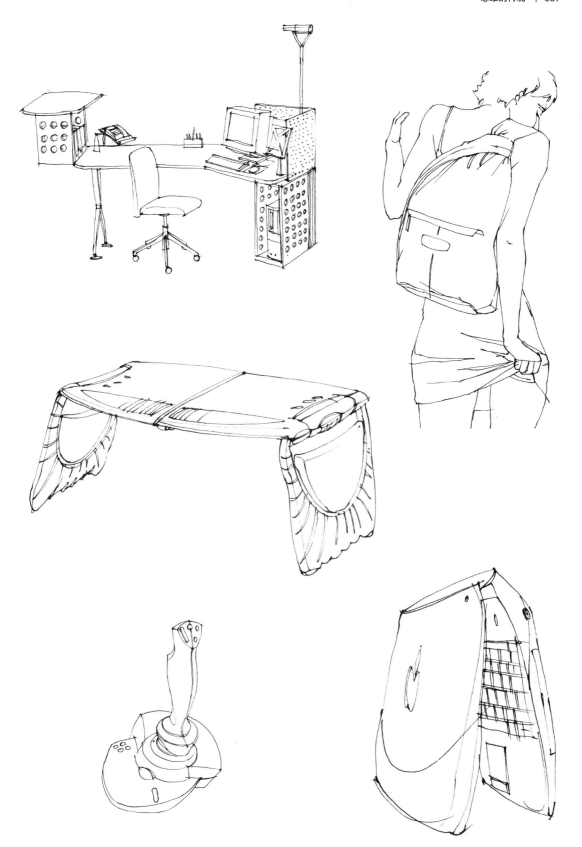

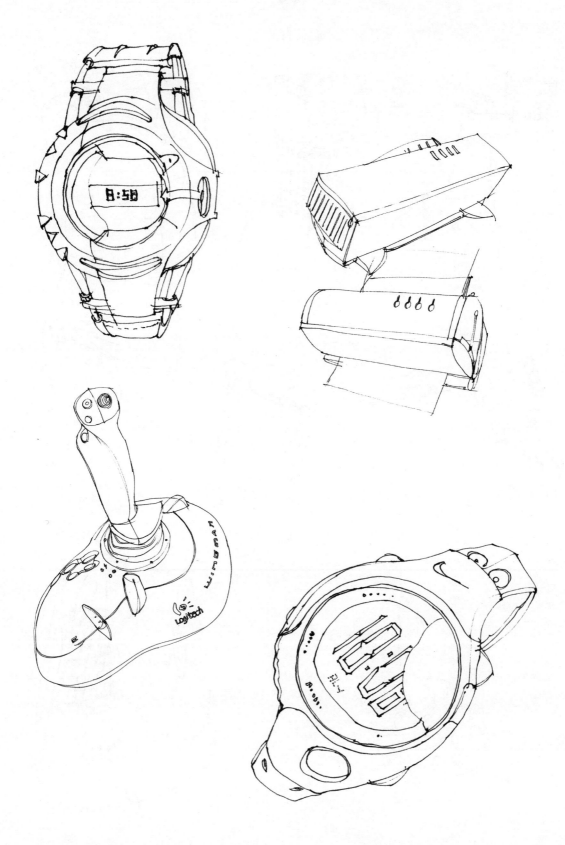

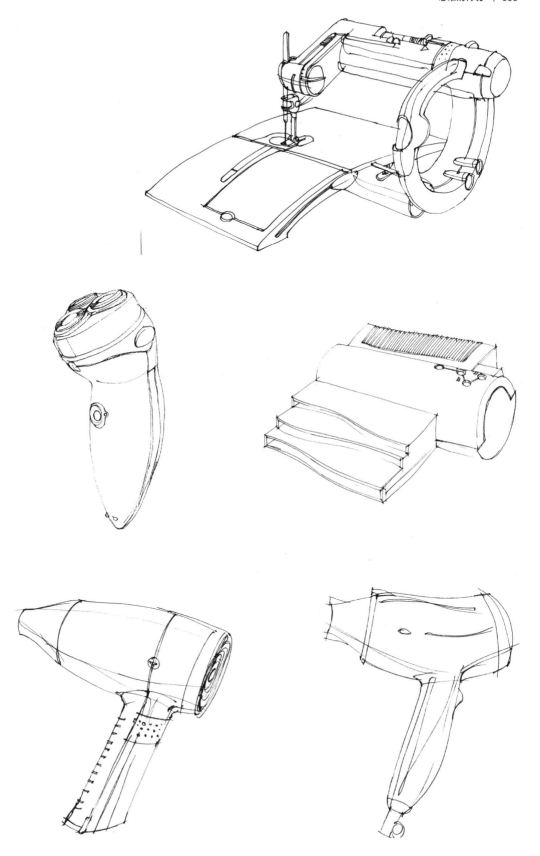

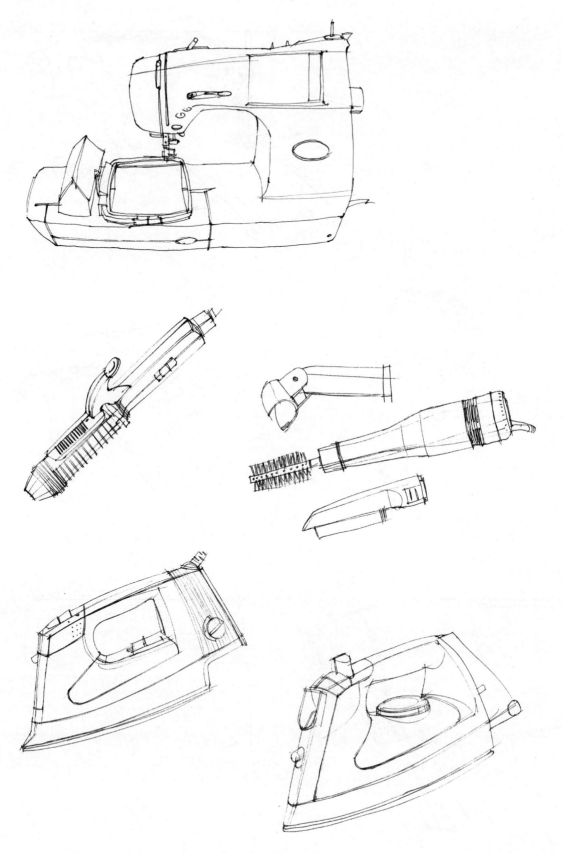

思维的再现 | 041

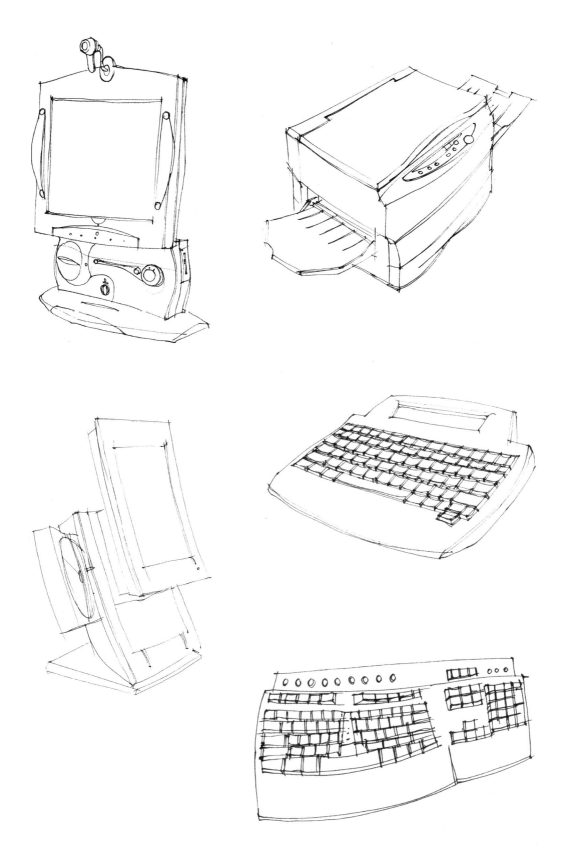

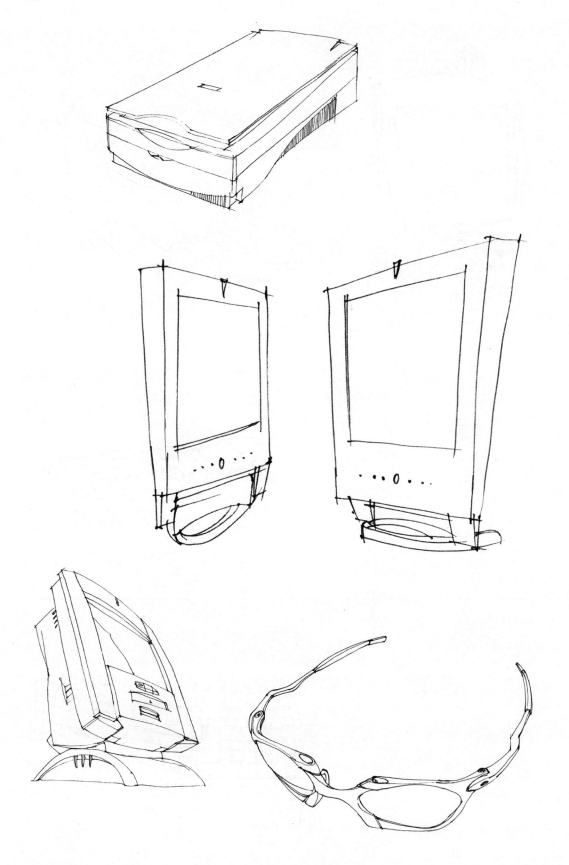

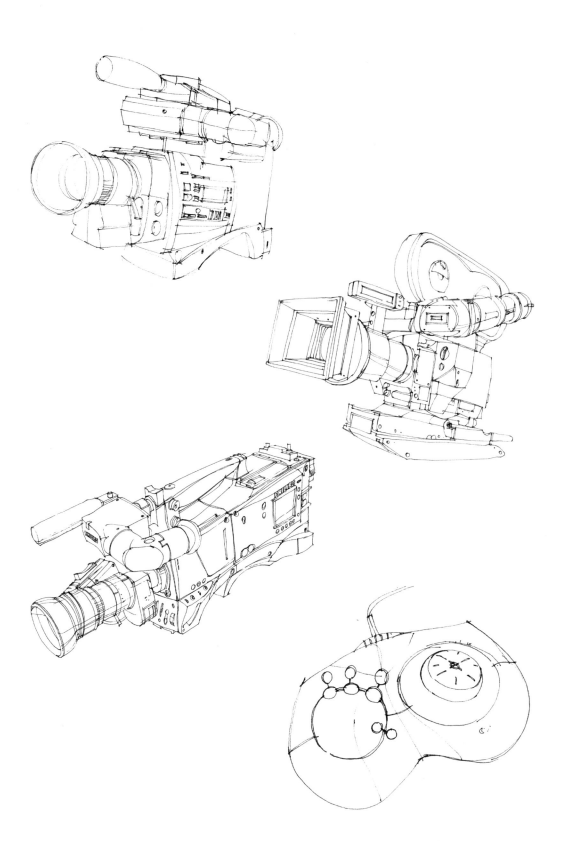

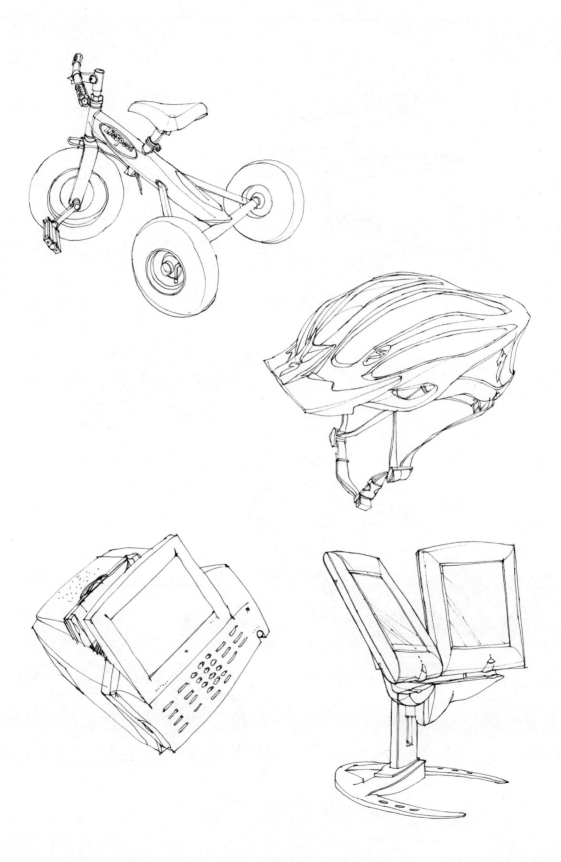

②工具类产品

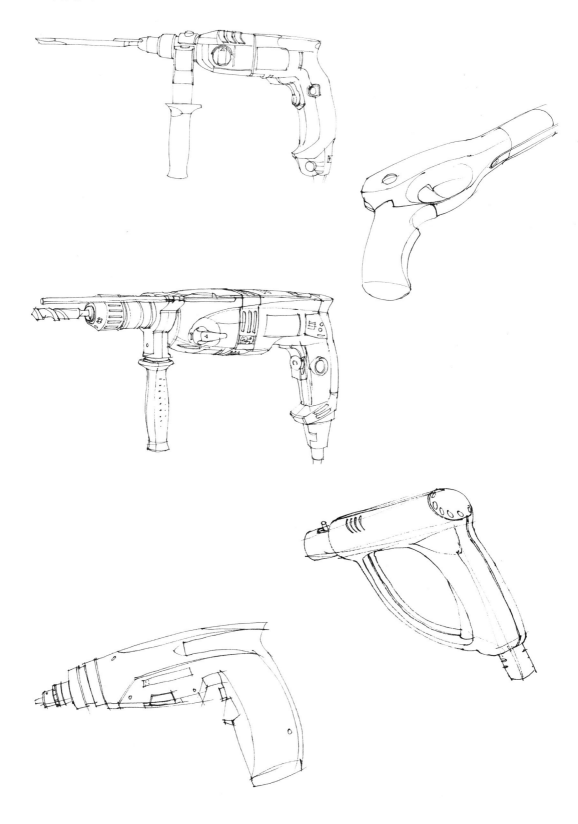

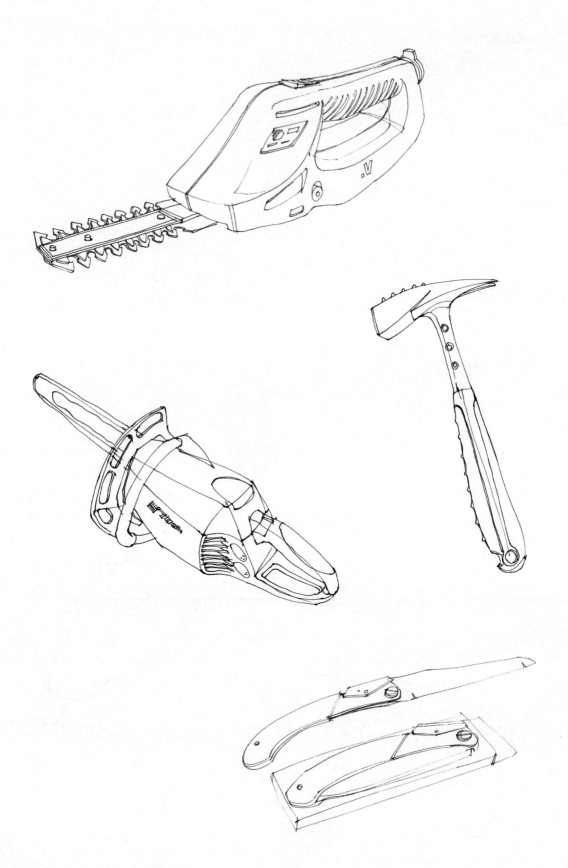

③交通工具

思维的再现 | 051

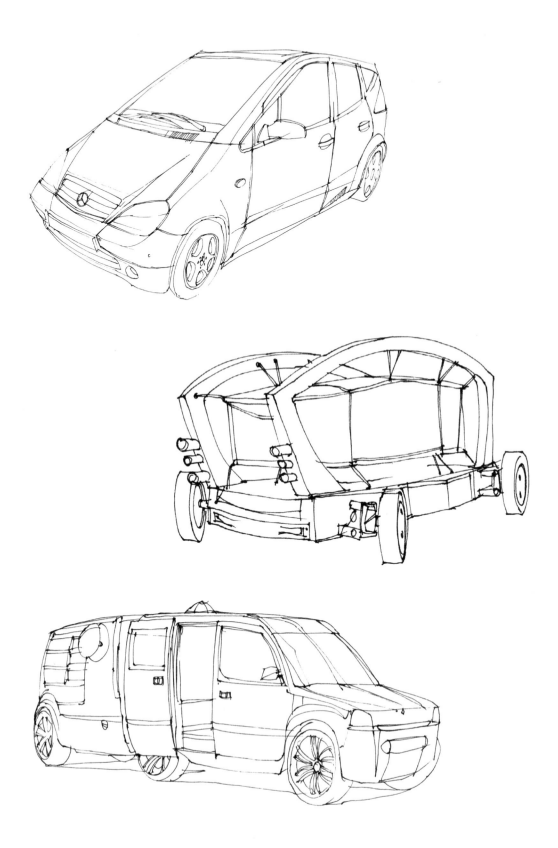

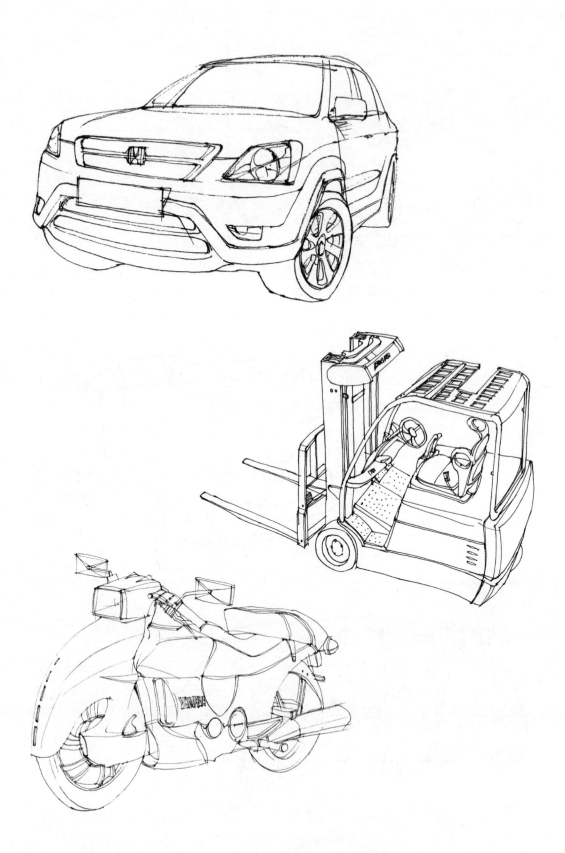

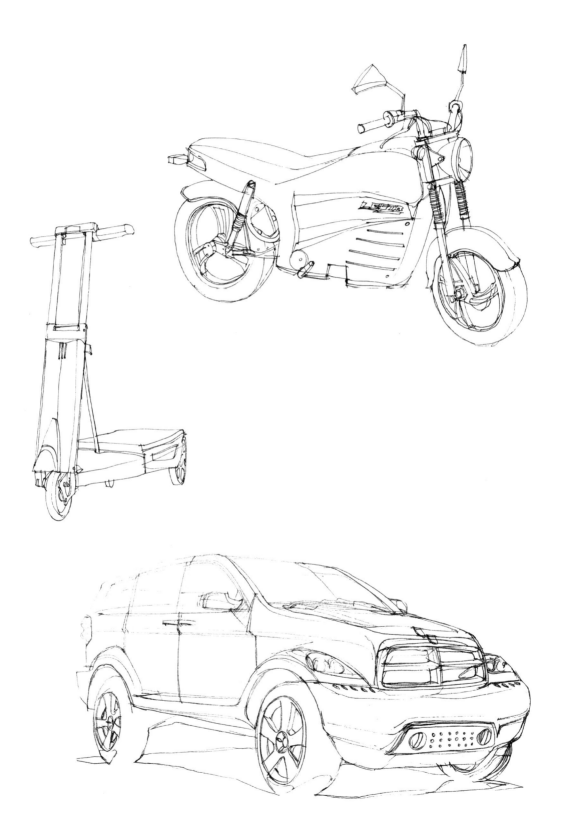

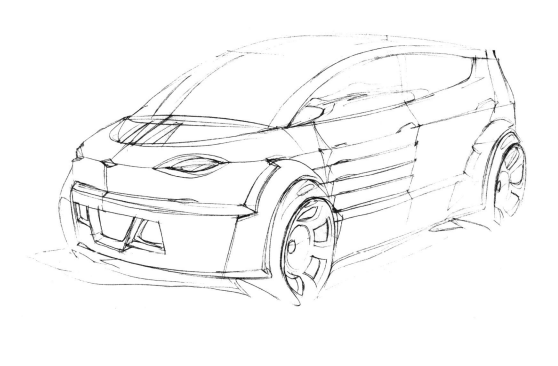

④鞋类产品

⑤医疗产品

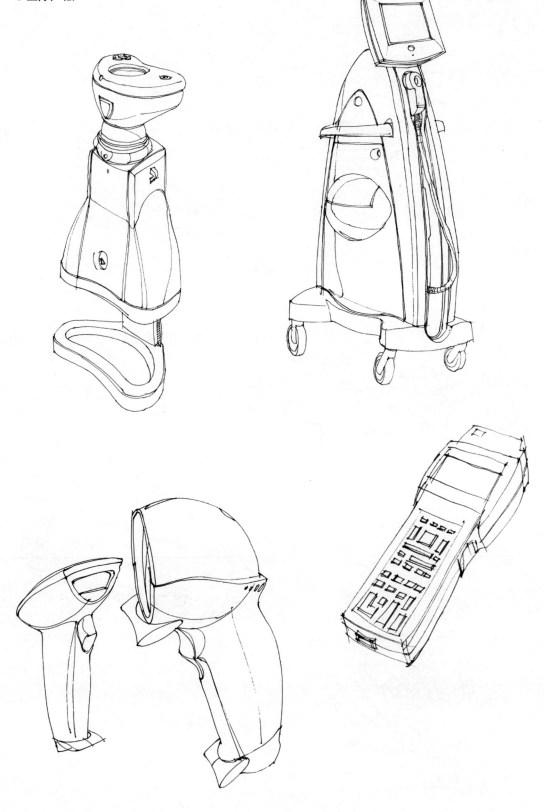

思维的再现 | 059

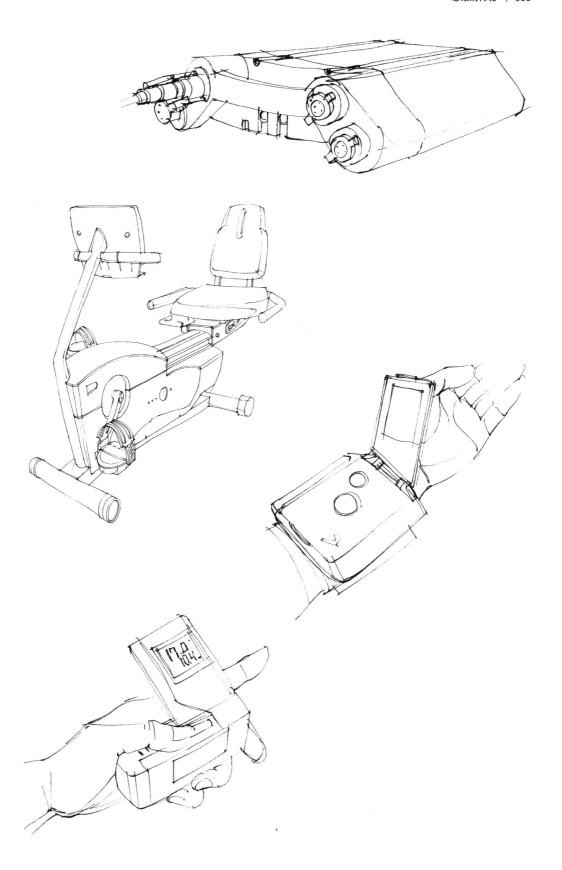

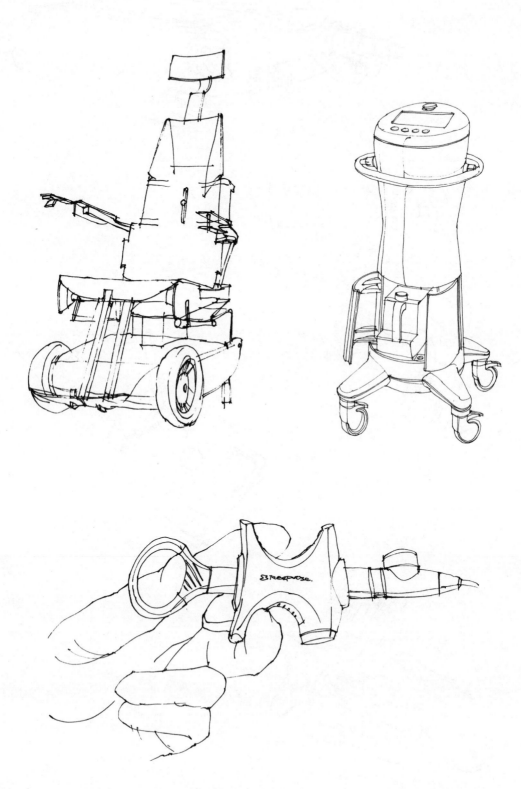

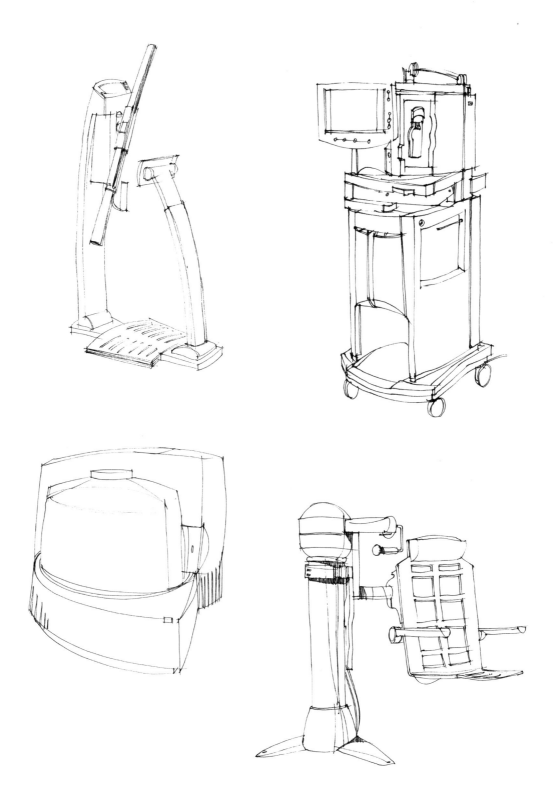

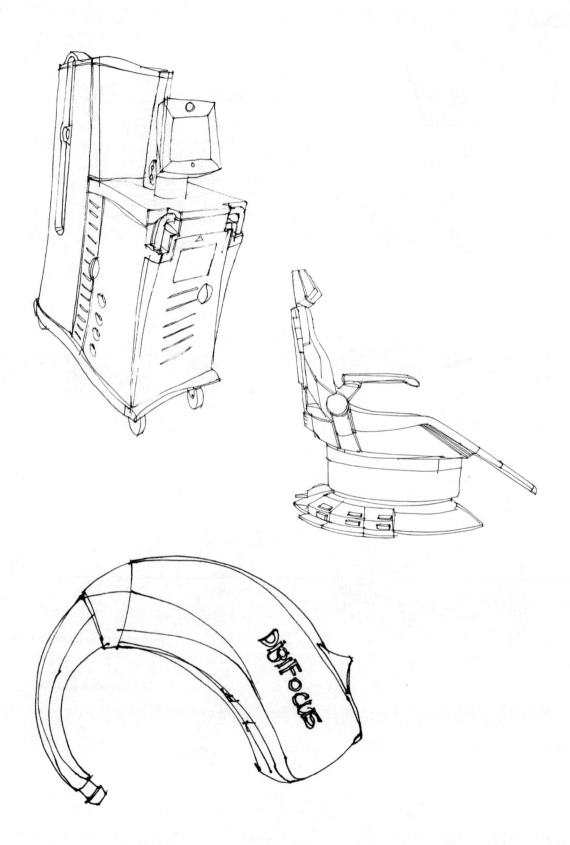

(2) 素描速写

定义：在线描速写形式的基础上，加上明暗色调层次的表现，即成为素描形式的速写。它较之单线草图具有更强的表现力，可传达出较强的体积感、质感和空间感。

方法：素描速写要对明暗层次加以提炼、概括，表现出大的体面转折式凹凸关系即可，而不要过分追求、拘泥于自然光影的变化和细节刻画。为了丰富产品的空间层次，充分显示产品各个面微妙的明暗变化和转折过渡关系，在设计速写中用线条作疏密不同的排列，以此表达产品不同的明暗色调层次和材质区别。素描形式和单线相比，形体、质感的表达效果有了进一步提高，但在时间和精力上将付出较多。产品的明暗层次加用铅笔或各类勾线笔并通过度的变化来获得，也可用不同灰度和深浅的马克笔。

素描速写实例

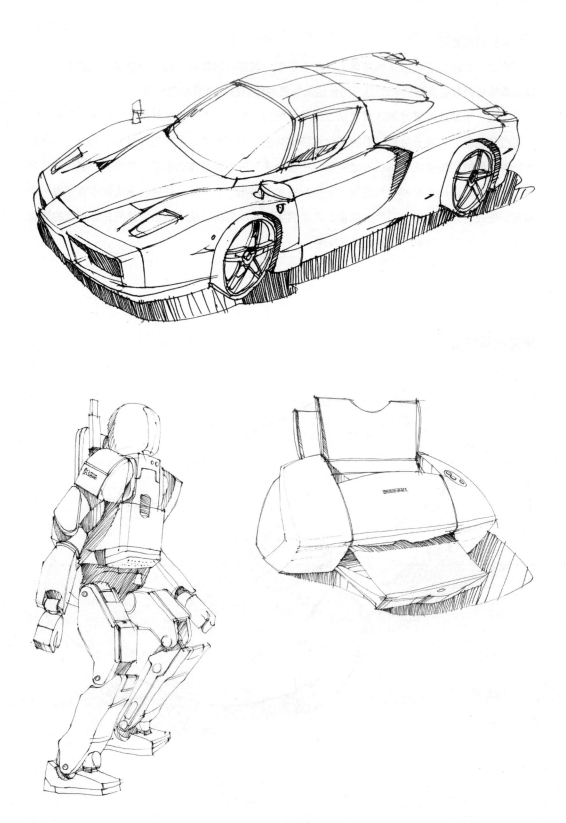

思维的再现 | 065

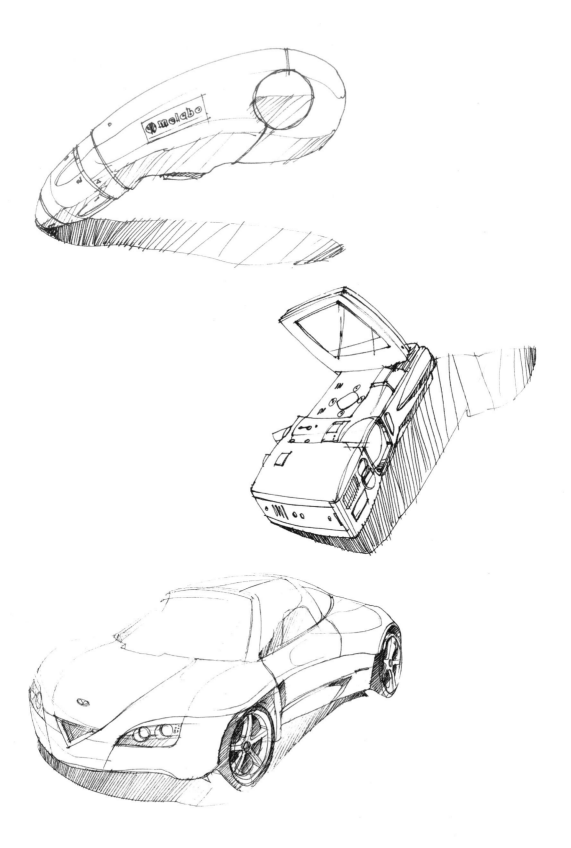

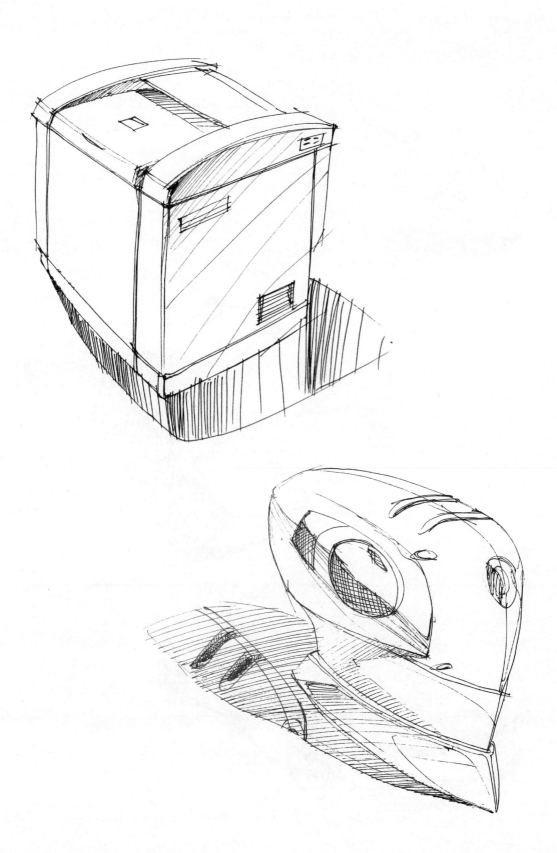

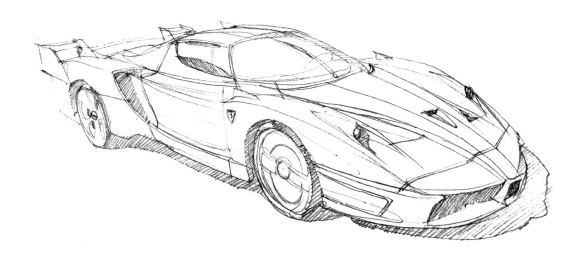
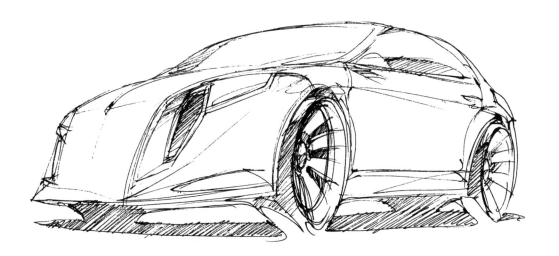

思维的再现 | 069

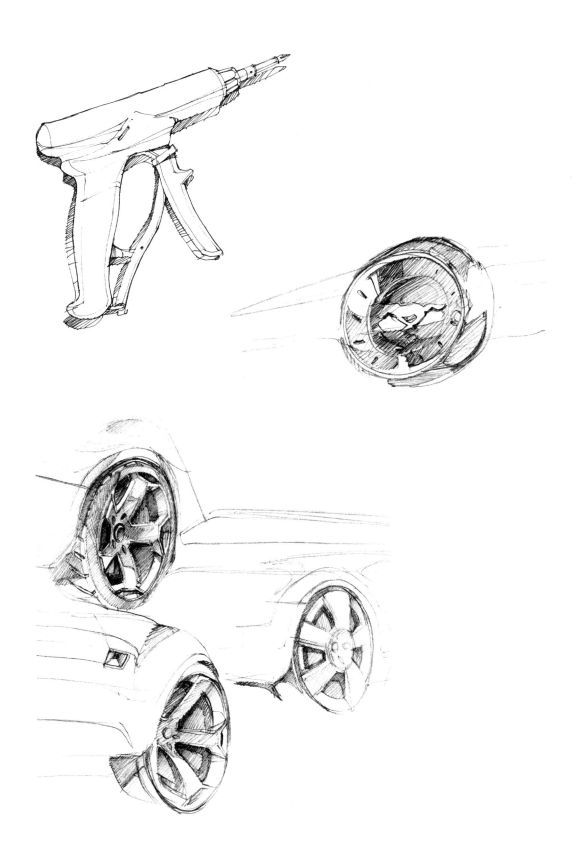

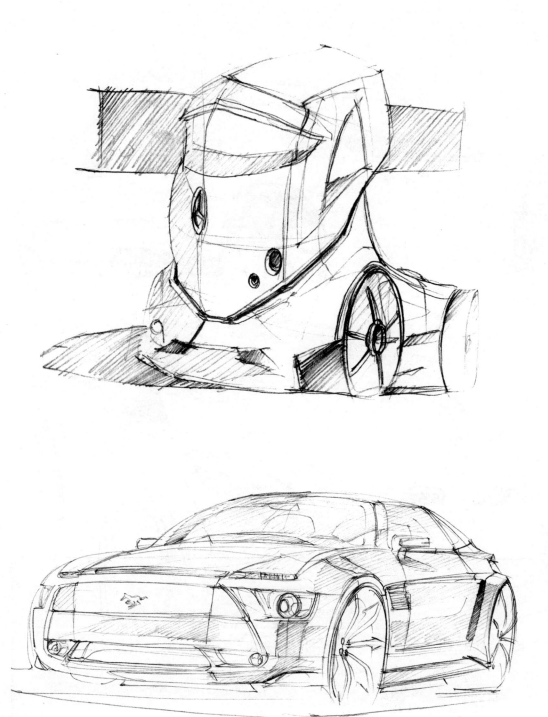

(3) 块面速写

定义：在素描速写的基础上，加以高度概括，形成大块面强烈对比的素描关系的速写形式。

分类：块面速写可分为单纯黑色块草图与中间调块面草图。

特点：用线和与线相同颜色的面来表示物体的轮廓、体量以及色彩。由于加入了色块的因素，视觉上产生了面的效果，显得对比强烈、活泼生动、富于变化。

方法：其表达形式介于单线形式和素描形式之间，较单线形式而言，块面速写增加了一个面的层次表现，使其表现领域得到明度、材料、质感和受光强弱等变化，表现形式较单线而言，有了扩展；另一方面，这个由线与线条色彩相同的单一色块组成的面相对素描形式而言，具有更多的层次变化，因而必定是一个高度简约扼要的"面"。

块面速写实例

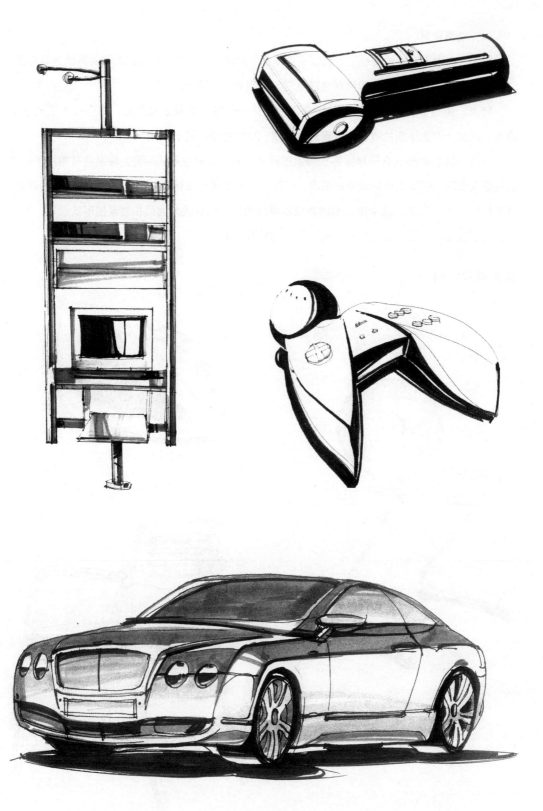

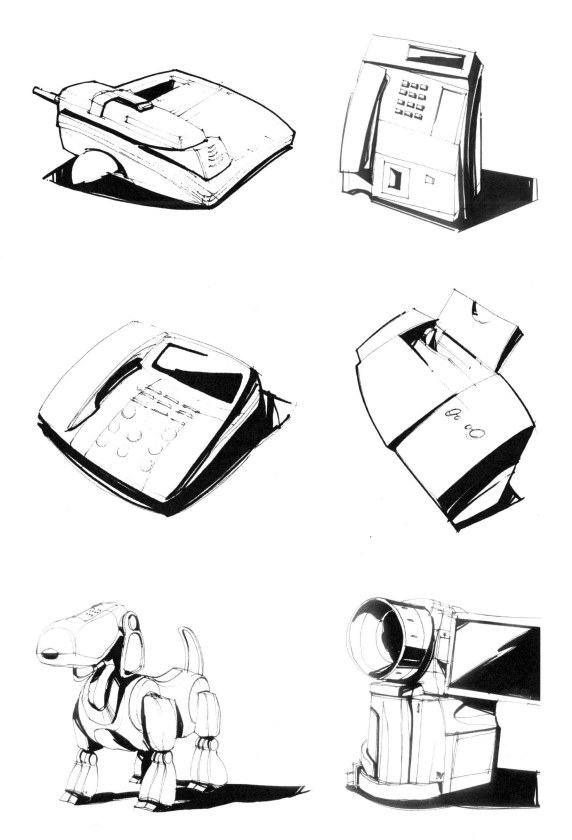

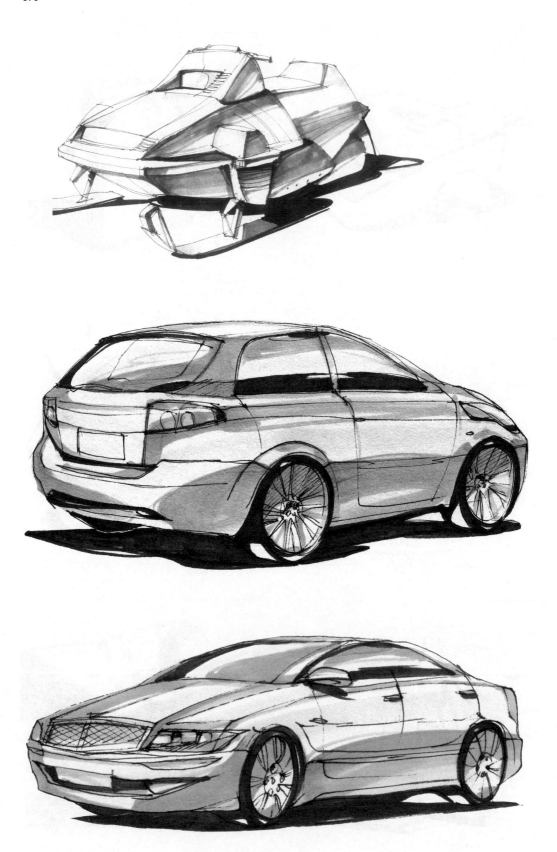

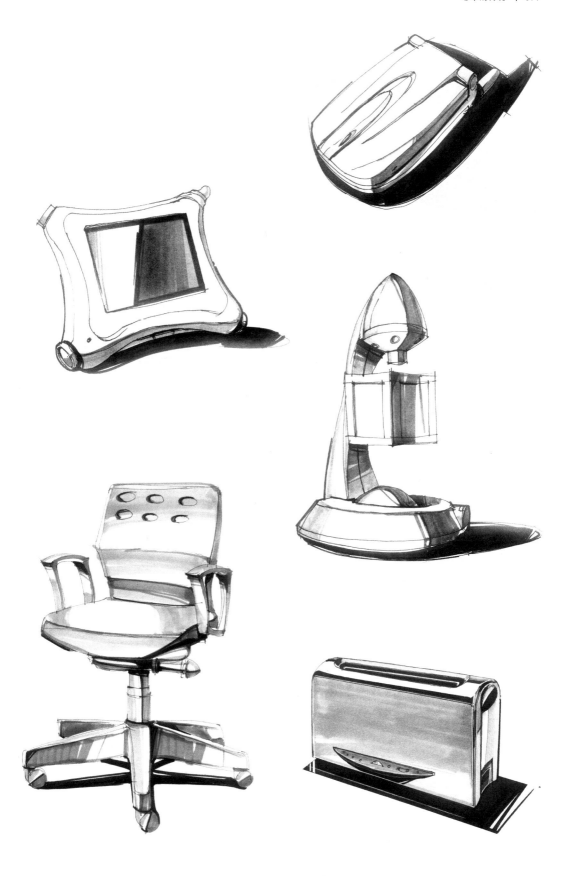

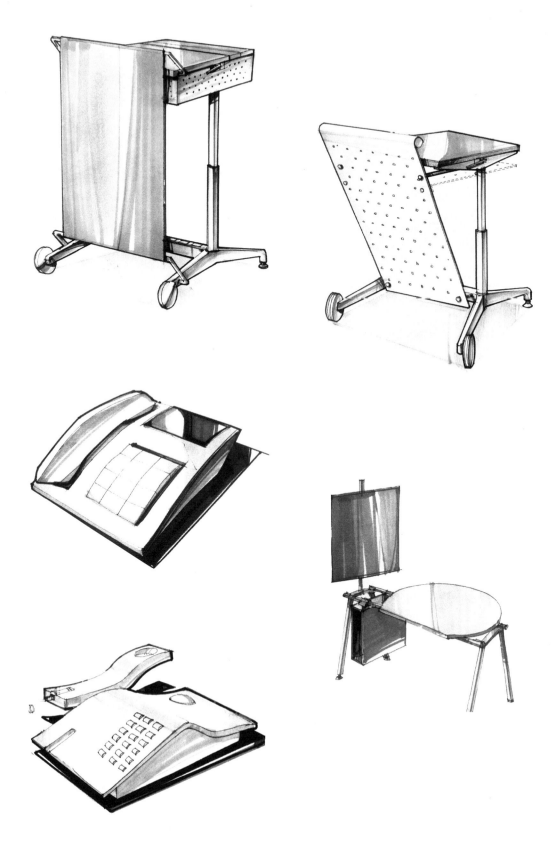

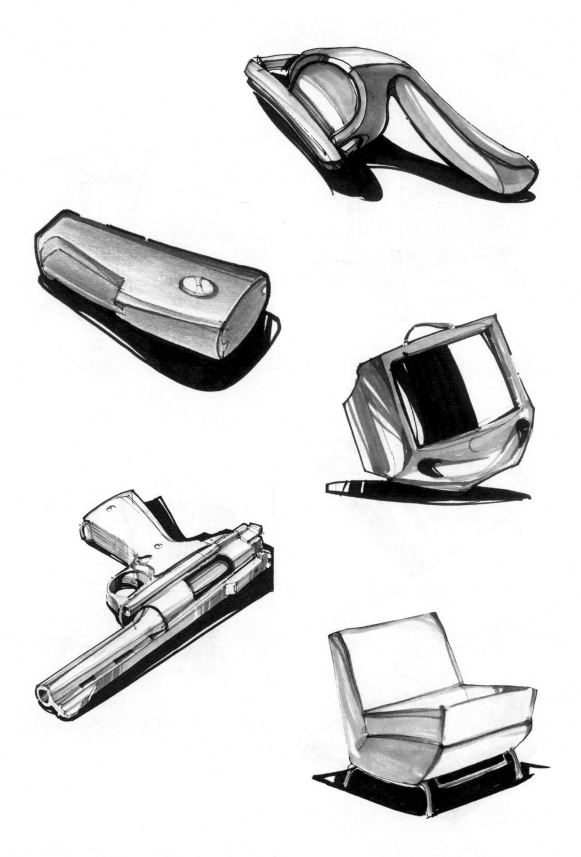

思维的再现 | 081

(4)淡彩速写

定义：淡彩速写通常是在线描速写的基础上，施以简略而明快的淡彩来表现一定的色彩关系或配色方案的速写形式，较之前三者画面更为丰富。

分类：淡彩速写可分为水溶性淡彩速写和非水溶性淡彩速写。

特点：在单线勾描的基础上作淡彩渲染是设计师的设计手段，淡彩渲染不仅抓取了物体基本的色彩感觉，也能同时处理明暗关系和材质。施加淡彩的过程中，不必面面俱到，而应把握对象的主要色彩关系，本着简洁、明快的原则施以淡彩完成主要的目的。

方法：应以表现简洁、明快和整体的色彩关系为原则，避免过于复杂丰富的色彩描绘。着色运笔应该精炼，块面肯定，避免细碎繁杂的笔触。色层宜薄而透明，避免反复涂抹以致色彩灰浊。

示范实例1

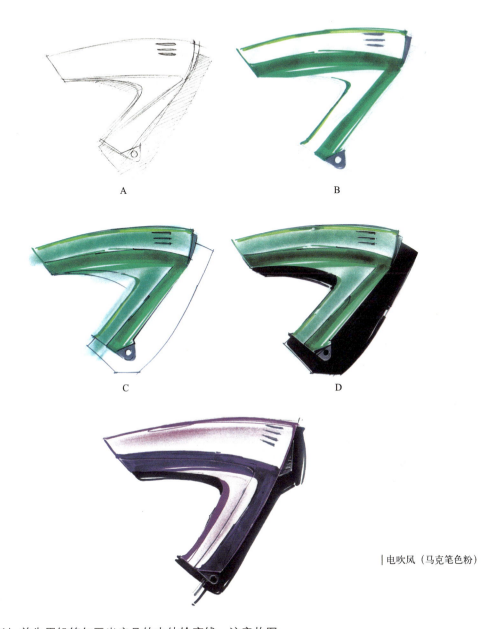

| 电吹风（马克笔色粉）

（1）首先用铅笔勾画出产品的内外轮廓线，注意构图。

（2）在铅笔搞基础上，使用较深色的马克笔画产品暗部，用相同的颜色勾画产品亮部投影或反光。用马克笔C5勾画产品其他细节。

（3）用和暗部相似颜色的色粉，用餐巾纸蘸少许色粉和爽身粉调匀，擦到产品的受光部。再用马克笔C7勾画明暗交界线以及其他的一些细节，用硬的橡皮擦出主要的高光。

（4）用高光笔提出细节的高光，并用白色的彩铅提出反光，用黑色画出投影，最后勾画出产品的轮廓线。

示范实例2

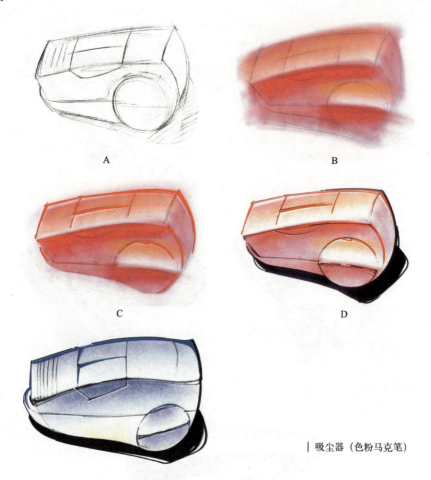

A B C D

| 吸尘器(色粉马克笔)

(二)快速表现——草图(设计草图)

设计草图是指在设计过程中,设计师把头脑中抽象的思考变为具象的形态时需要迅速地将构思、想法记录或是表达出来的一种描绘,有别于传统绘画速写。设计草图中的理念草图更倾注了设计师的心血和思维,是捕捉瞬间即逝的构想最有效的手段,是设计构思的雏形,但不涉及细节的表现,因此可塑性强,有利于大量设计方案的产生和设计思路的扩展。设计草图中的方案性草图是从众多的理念草图中发展而来,具有细节、结构描绘。设计草图也是设计师与企业家、工程师彼此之间,尤其是设计师之间沟通交流的工作及其绘制技巧在于迅速而清晰地表达设计概念,以传达出设计师的设计构思和想法的重要方式。设计草图不单是具有一种记录和表达的功能,而且是设计师对其设计对象进行推敲理解的过程。因此,设计草图上往往会出现文字的注释、尺寸的标定、彩色的思考、结构的推敲。总之是一切能说明你的设计的图都可以拿来使用,目的就是清楚地传达你的设计构思和想法,使用图形语言来再现思维。其最显著的特点在于快速、灵活、记录性强。

1. 草图（设计草图）的作用

形态思考：设计过程是一个思维跳跃和流动的动态过程，在构思、分析和选择的过程中产生大量的方案。这需要大量草图来配合。设计师头脑中涌现的设计构思，大多是些杂乱无章的想法，需要将其记录再现出来，再进行进一步的整理和推敲。

记录构思：设计构思过程中间的阶段性、小结性的想法，都要用草图记录下来。草图实际上也是设计师把自己的想法由抽象变为具象的一个十分重要的过程。草图实现了抽象思考到图解思考的转变，通过图形语言的方式来实现。

意图表达：它能将设计师头脑中的抽象思维形象化地再现出来，有助于表达设计师的设计意图。

2. 草图（设计草图）的分类

按功能和作用划分有两种：理念性草图与方案性草图。

理念性草图：它是初步构思的闪光，仅有大体的形态，要求设计师在构思阶段应尽量扩大设计构思的量，以量中求质，而不以质带量，因为任何构思均可能孕育着突破性的设计可能性。

方案性草图：它是从众多的理念草图中发展而来，有大体的形和细节、结构处理，也可以略施色彩。具有大体的尺寸和三视图的表示，有效正确的透视色彩和质感的表现。

按内容划分有两种：结构草图与形态草图。

结构草图：即以表现组成产品总体形态的各部分之间的结构关系为主的草图。

形态草图：即以表现产品外观形态为主的设计草图，主要是运用速写技法和简练的线条快速而准确地表达产品的形态。

| 理念性草图

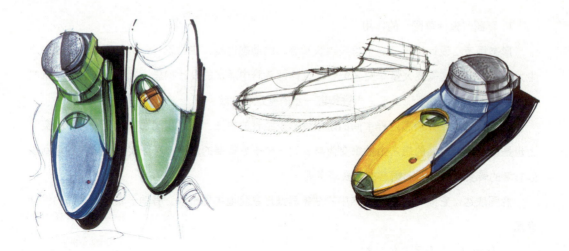

|方案性草图

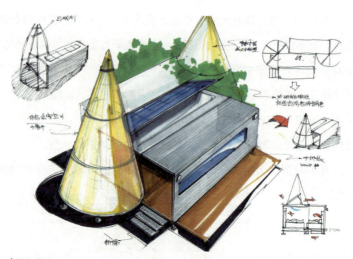

|结构草图

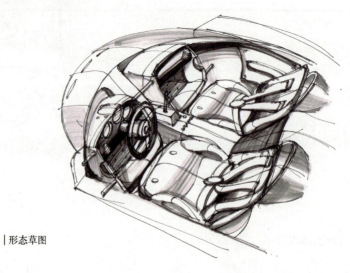

|形态草图

第 8 章 | 快速表现中的材质表现

准确的材料质感的传达能有助于提升产品快速表现的魅力。产品的材料可分为以下几种：反光且透光的材料，比如玻璃；反光但不透光的材料，比如金属；不反光也不透光的材料，比如没有上过油漆的木头；不反光但透光的材料，比如织物等。金属都有效强的反光，比如不锈钢，明暗对比强烈，反光的边缘清晰明确。玻璃表现则可以通过绘制玻璃透过的情景来表现。木材可以画出木纹而达到效果。塑料类的表现则要灵活多变，有各种肌理，有反光的和无反光的，也就是说有亚光和高光区分，表现时要注意区别。材料质感在展示快速表现中运用，表现没有固定的模式，要求表现者发挥自己的想像力，运用各种表现工具与表现手法绘制。

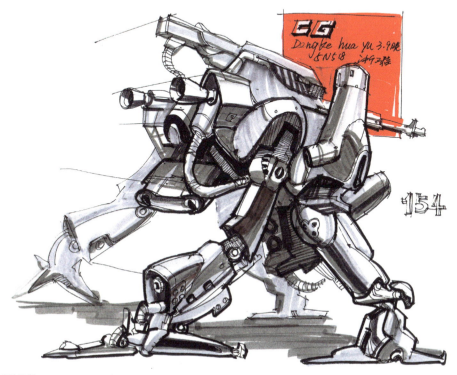

| 材质表现

1. 木材实例

2. 玻璃实例

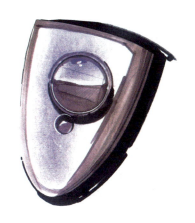
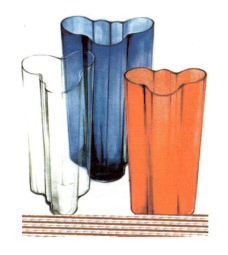

3. 塑料实例

4. 金属实例

5. 织物及皮革实例

6. 综合运用实例

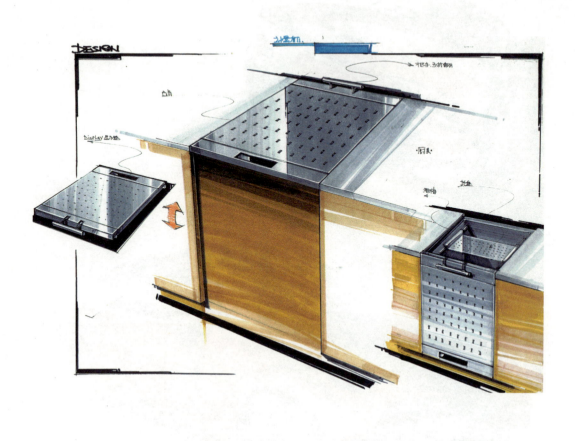

第9章 | 快速表现在工业设计中的运用

　　快速表现最终达到能把无形的创意转化为可知的视觉形象，掌握视觉化的设计语言可使设计思维准确、快速、美观再现。快速表现是一种设计的语言工具，是要在工业设计流程中广泛运用的，在运用的过程中可以使用多种表现方式综合运用。对于初涉快速表现的人来说总是会被用哪种表现方式所困惑，其实对于表现方式的风格，不用追究哪种好哪种不好，而是要看所用的表现方式是否再现了设计师的创意，表达是否准确。快速表现在工业设计中多种表现方式的风格都可以被接受，只要它可以准确、快速再现设计思维。每个设计师在长期设计生涯中，表现方式都会形成一定的风格，这一定的风格必定是最有利于再现自我思维和创意的。

　　在学习快速表现过程中，往往临摹他人的快速表现是很常见的方法，但在临摹过程中我们的目光总是停留在"他画得很好"上，殊不知"他设计得很好"。我们应该清晰地认识学习快速表现就是在学习设计。在正确的观察方法指导下，学习他人设计思维的表现方式，最终达到能让自己的设计思维再现出来。

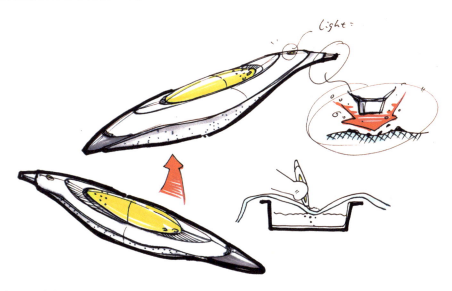

| 衣物去渍笔

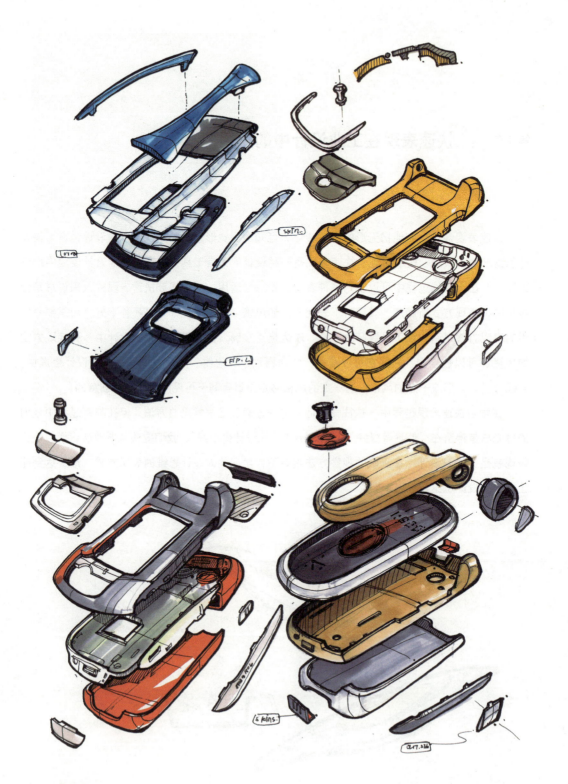

手机的爆炸图临摹

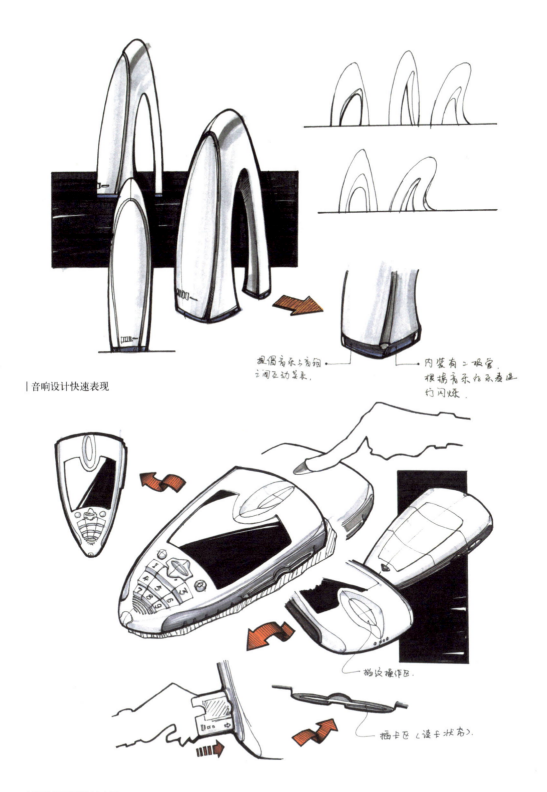

| 音响设计快速表现

| 指纹识别仪快速表现

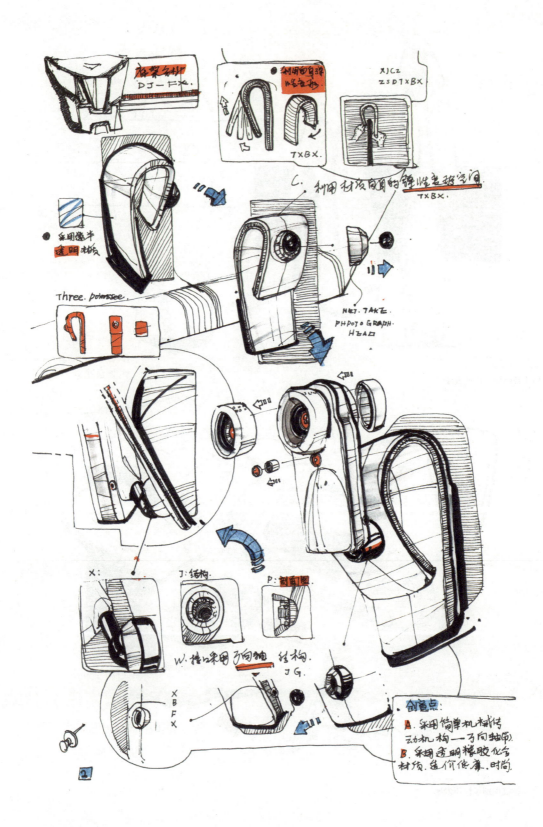

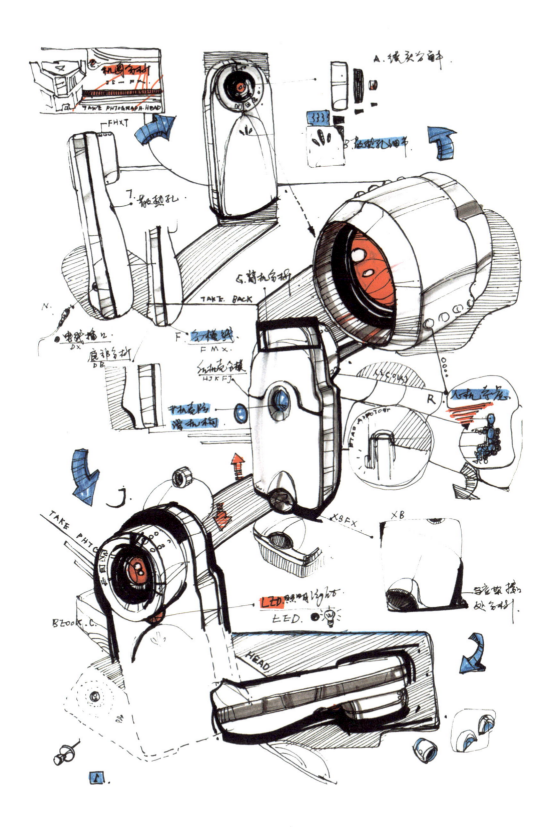

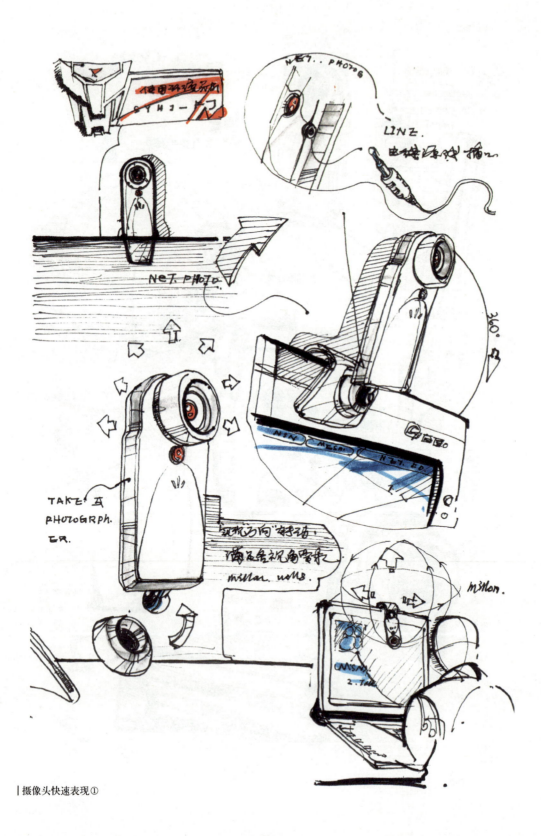

摄像头快速表现①

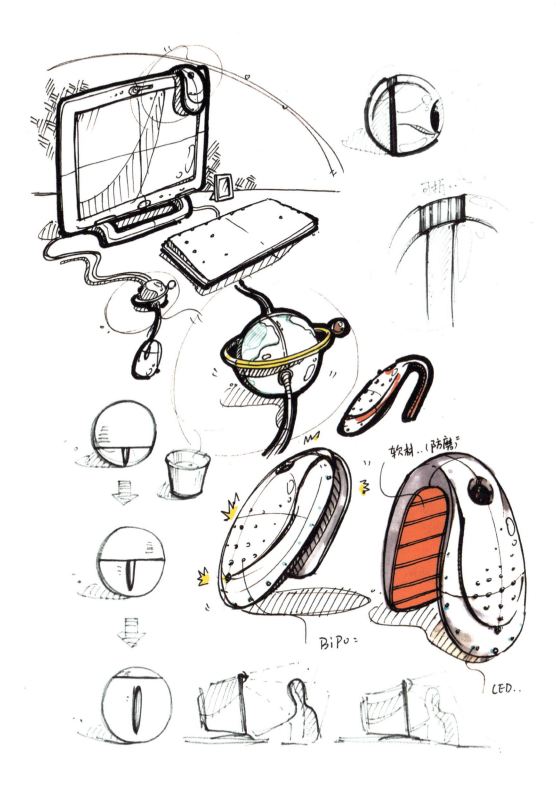

摄像头快速表现②

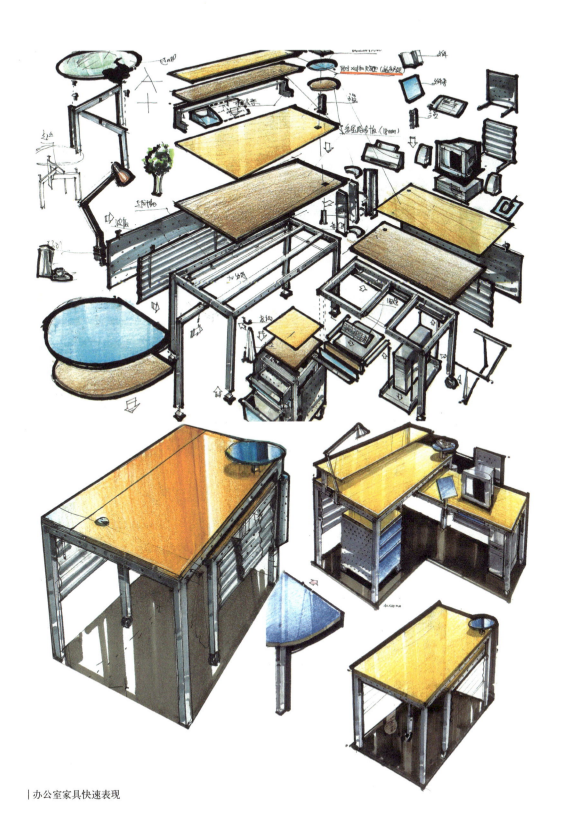

办公室家具快速表现

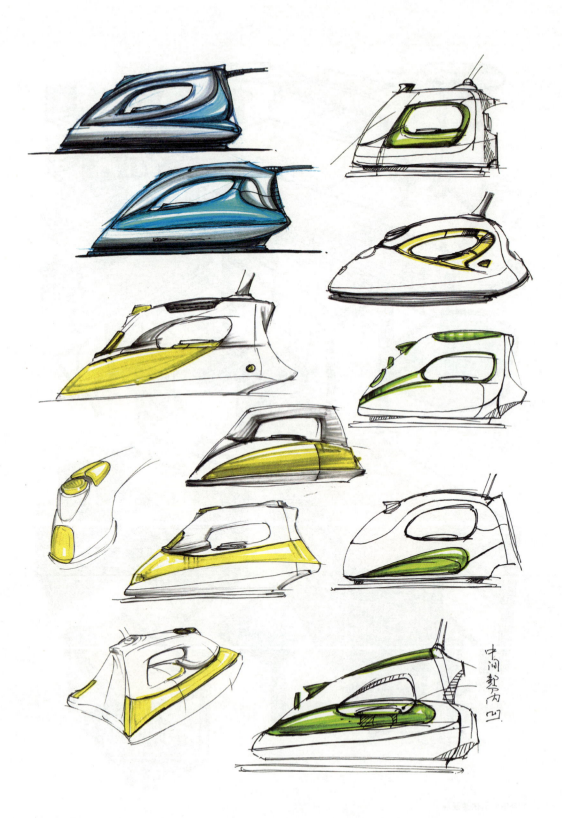

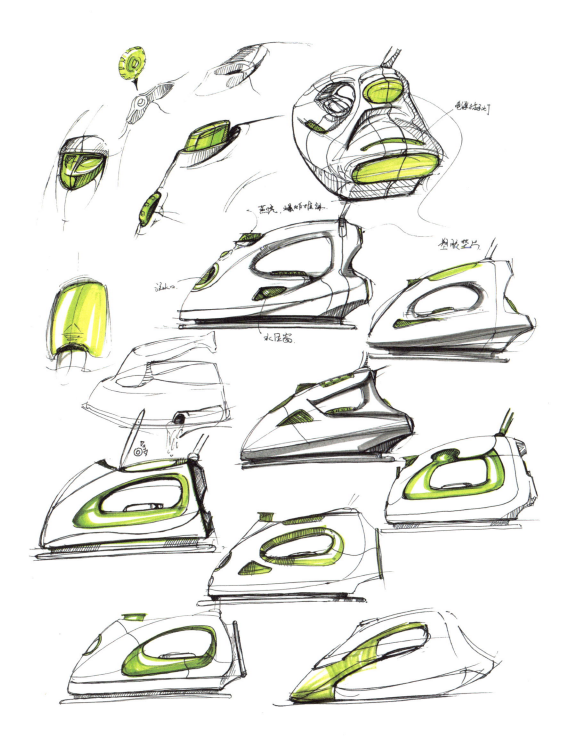

电熨斗快速表现

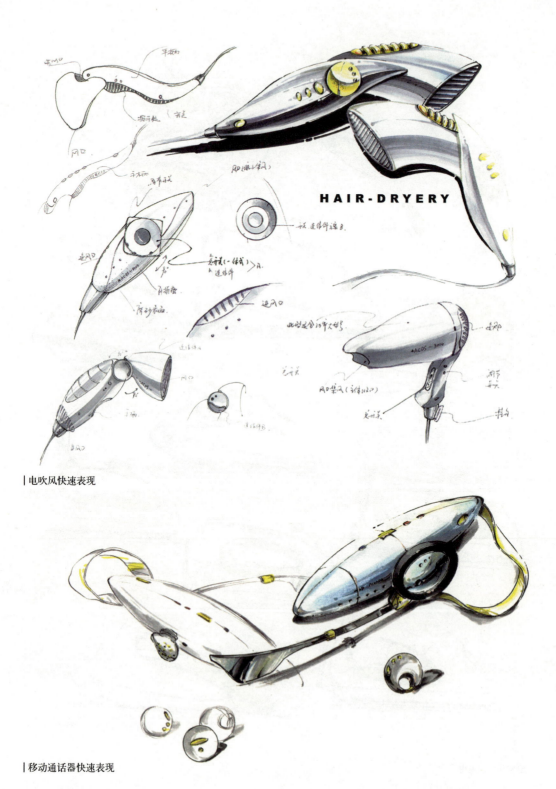

| 电吹风快速表现

| 移动通话器快速表现

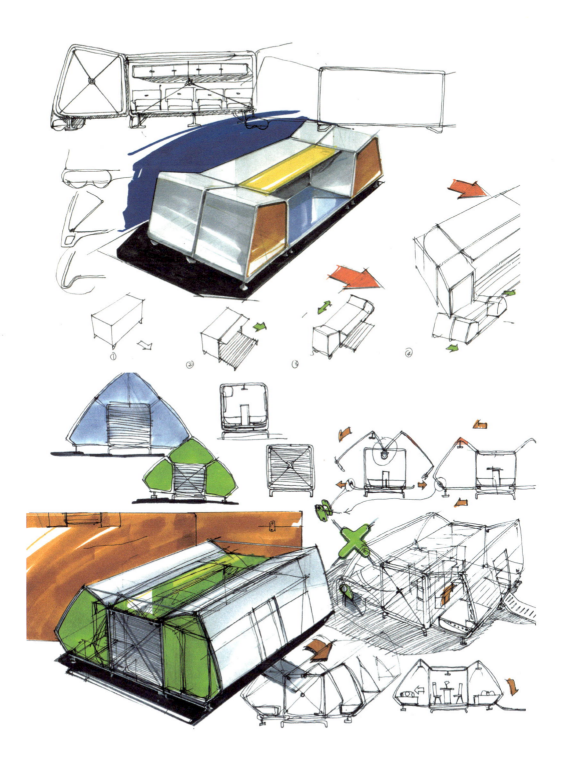

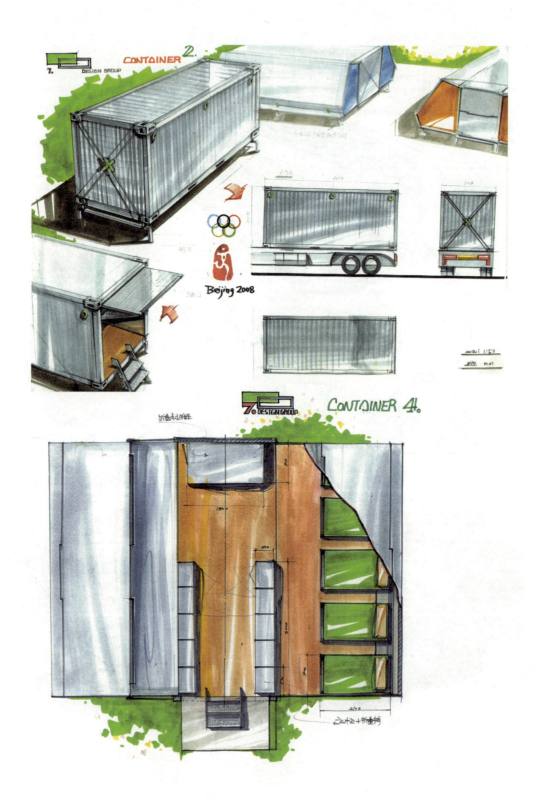

| 集装箱临时住宅快速表现

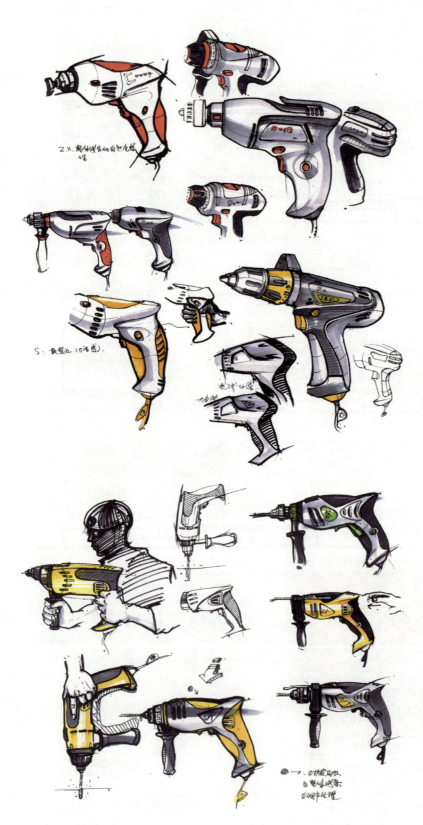

电钻快速表现

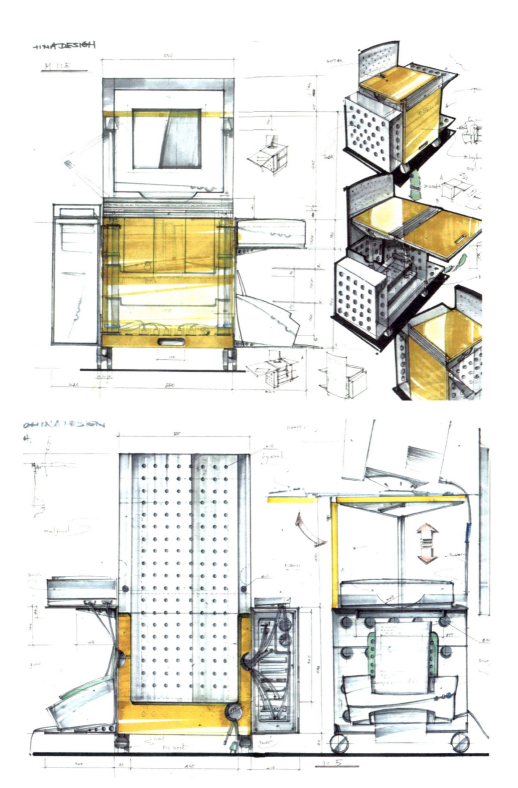

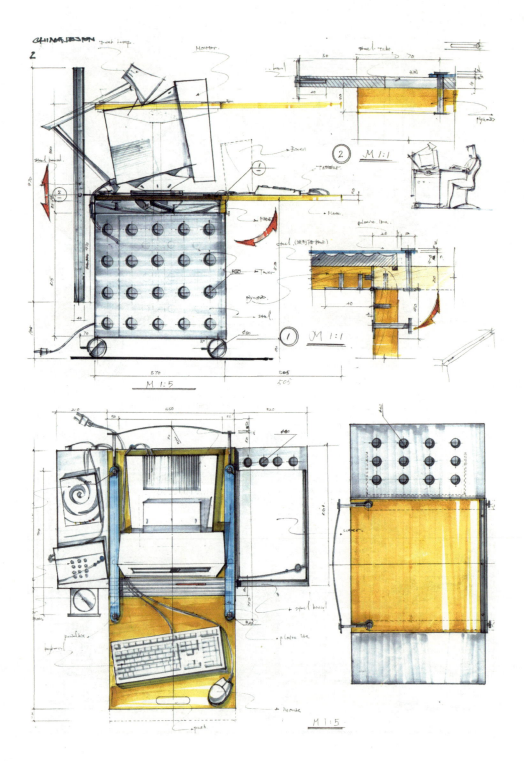

电脑桌快速表现

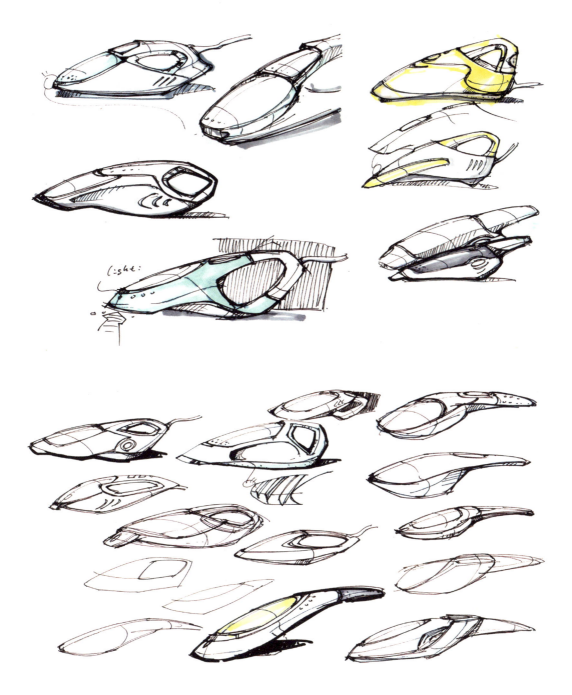

| 手持式吸尘器快速表现

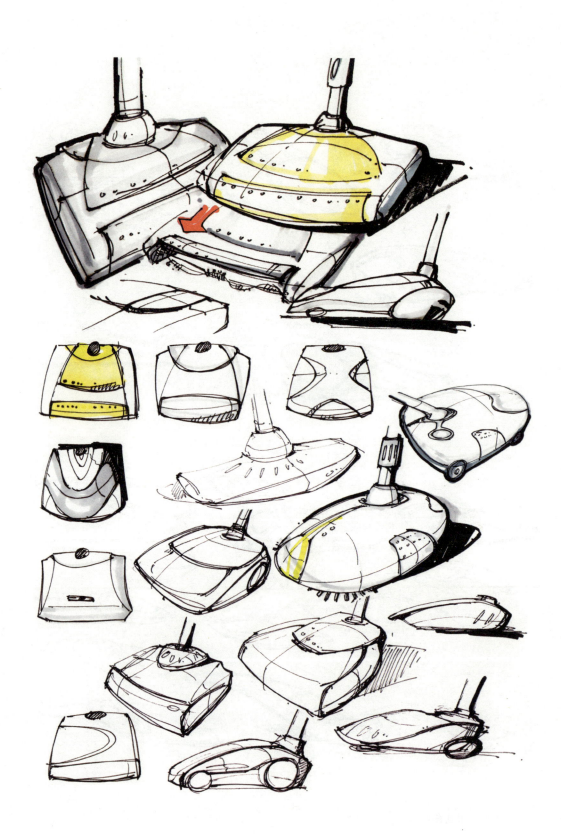

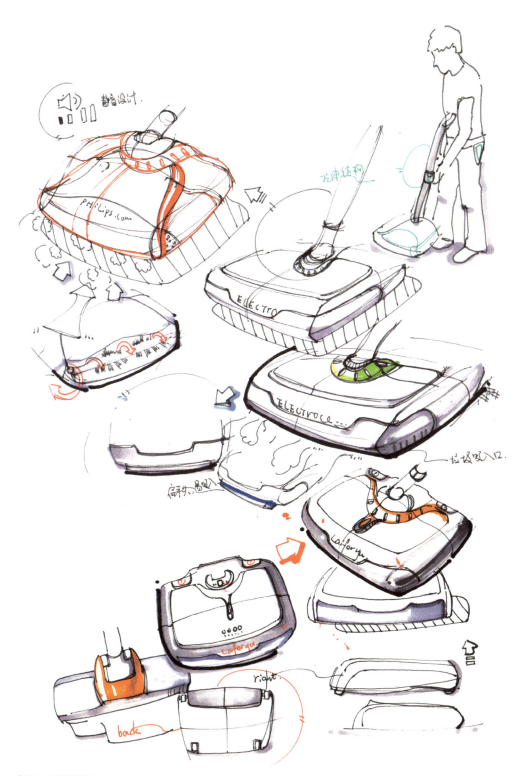

| 吸尘器快速表现

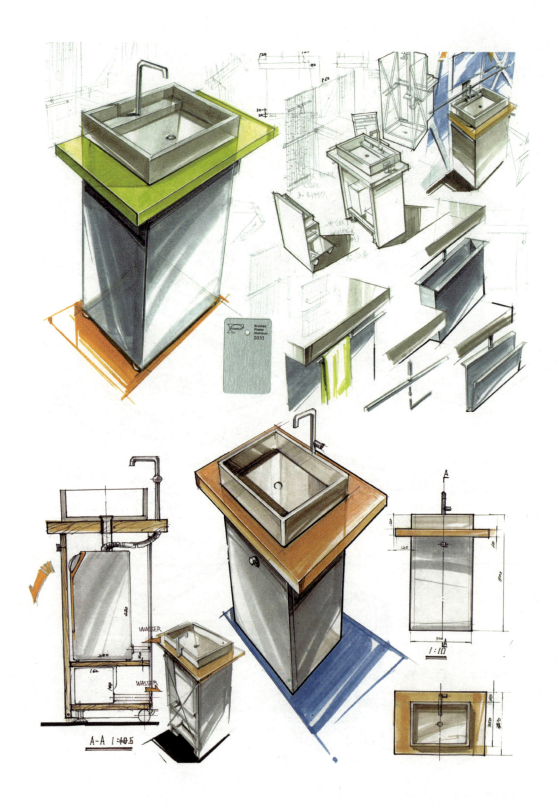

|洗漱系统快速表现

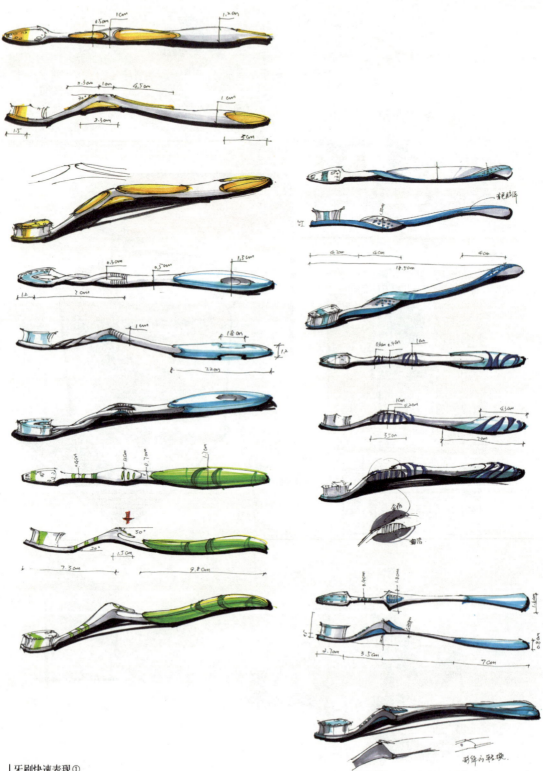

牙刷快速表现①

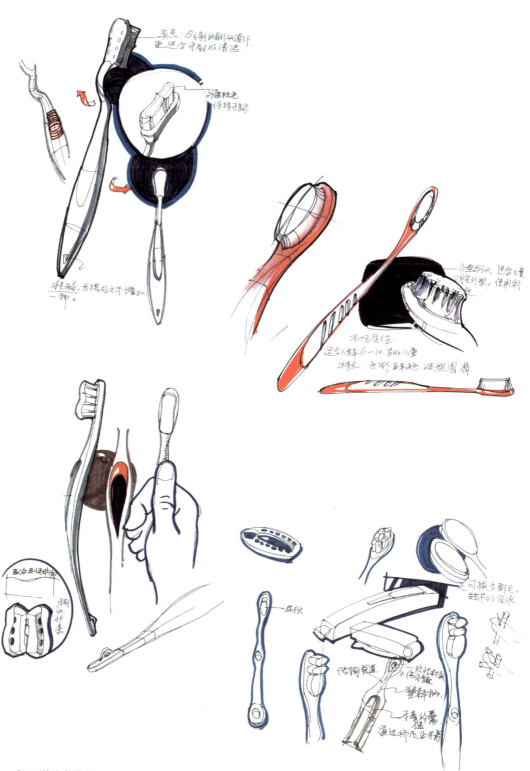

牙刷快速表现②

儿童摇椅快速表现

|儿童竹马快速表现

|袋袋帮手快速表现

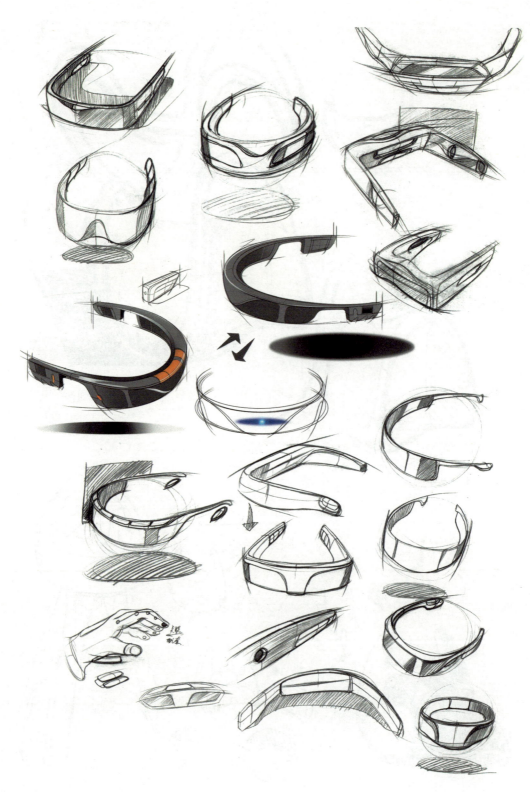

| 眼镜快速表现

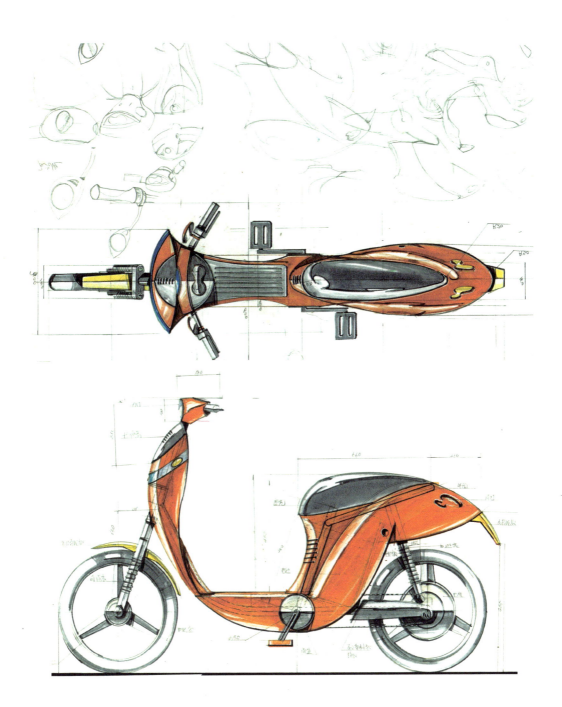

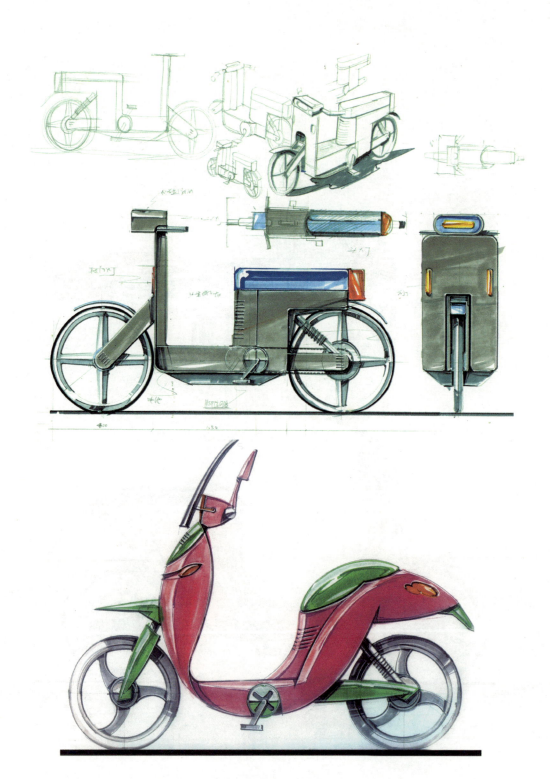

|电动自行车快速表现

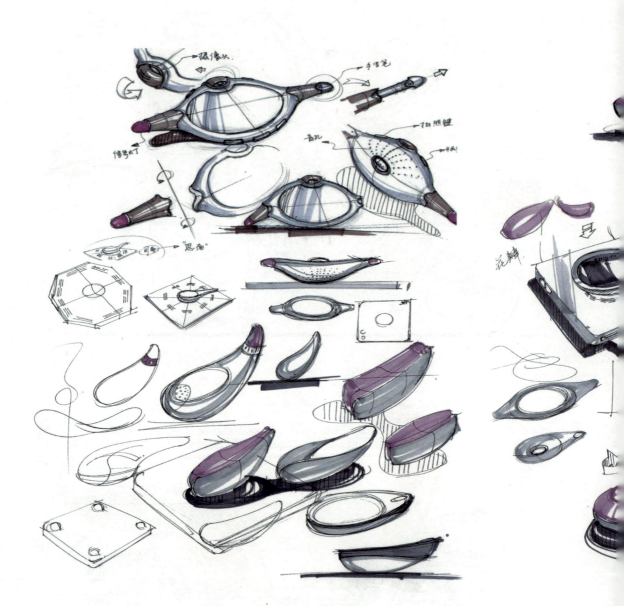

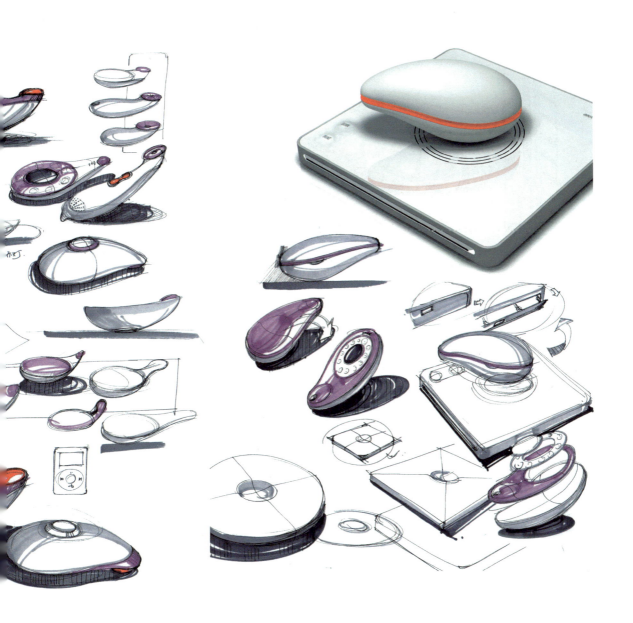

|家用电话——"思南"快速表现

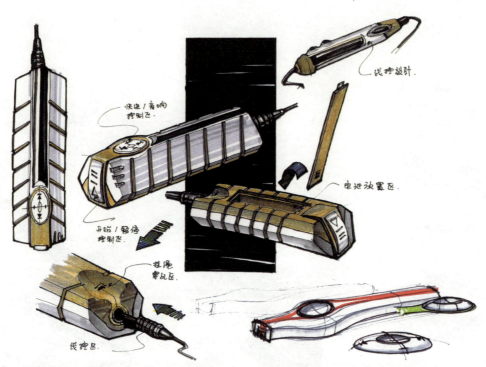

| MP3 快速表现

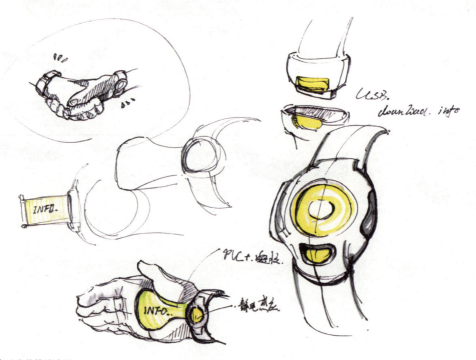

| 电子名片快速表现

思维的再现 | 137

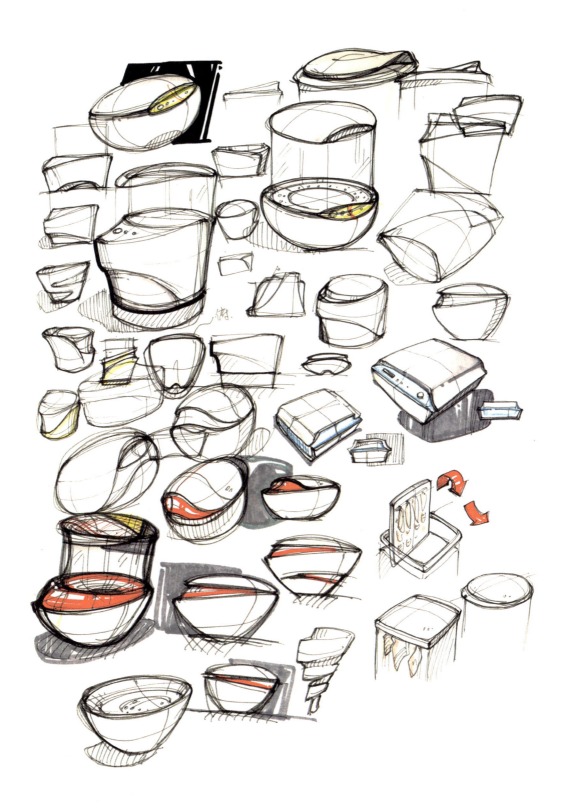

| 女性贴身衣物干洗机快速表现

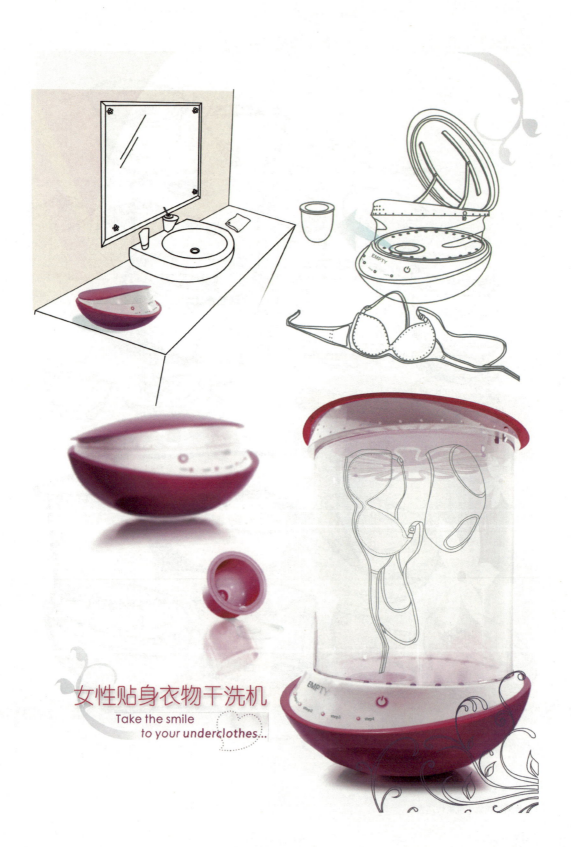

第10章　快速表现的发展趋势

（一）计算机快速表现

随着社会发展、科技的进步以及工业设计专业自身发展的要求，快速表现的发展是必然的趋势。快速表现的概念会被更广义化。同时由于计算机在工业设计专业中的逐步广泛运用，快速表现与计算机的结合会成为发展趋势。在快速表现的分类中提及了快速表现主要是由设计视觉表现的时间长短划分的。那么在工业设计计算机表现中二维电脑效果图可以称为计算机快速表现。多种计算机设计软件生成了手绘模式，利用数位板手绘二维平面效果快速生成三维虚拟模型，如PAINTER、ALIAS等等，这样可以使设计师的思维更加连贯，有利于设计的展开。同时我们也要意识到计算机快速表现的基础同样是优秀的手绘能力。

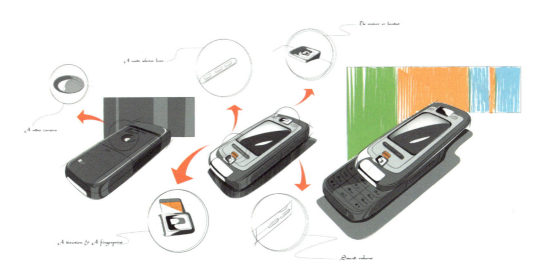

| 计算机快速表现——手机

（二）产品插画表现

同时由于工业设计交流的广泛，快速表现的发展要求我们注重产品的使用过程的表现，如：

产品的使用方法的表现；产品与环境的关系表现等等。我们称之为快速表现的产品插画表现，要求掌握一定的人物，环境的画法，可以借鉴动画、卡通的画法，画法由设计师自身的爱好为准，目标力求将产品设计思维的表现得更加清晰易懂。

计算机快速表现

◉ Game handle

思维的再现 | 147

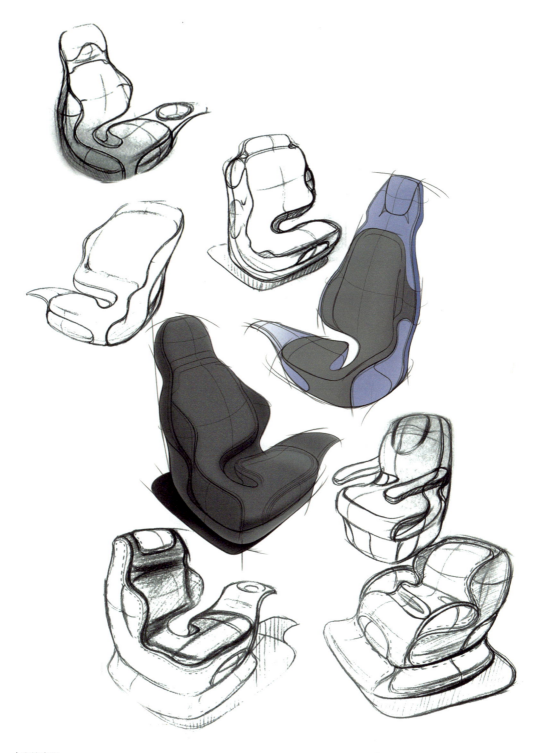

|座椅表现

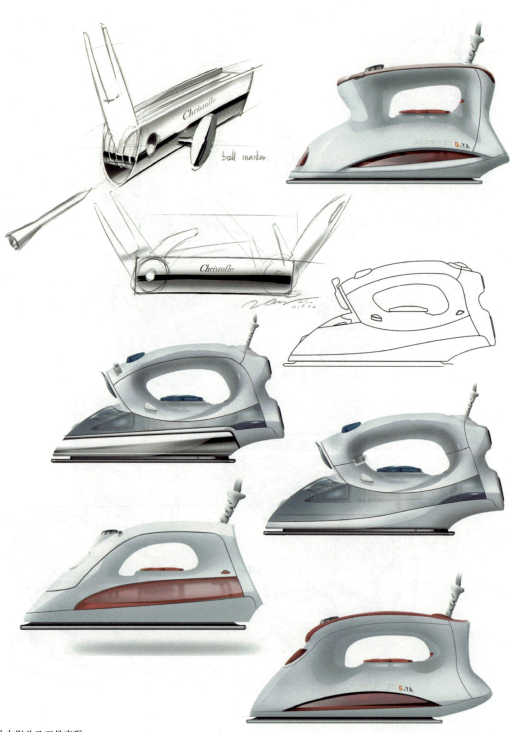

| 电熨斗及刀具表现

牙刷表现

交通工具表现

产品插画表现

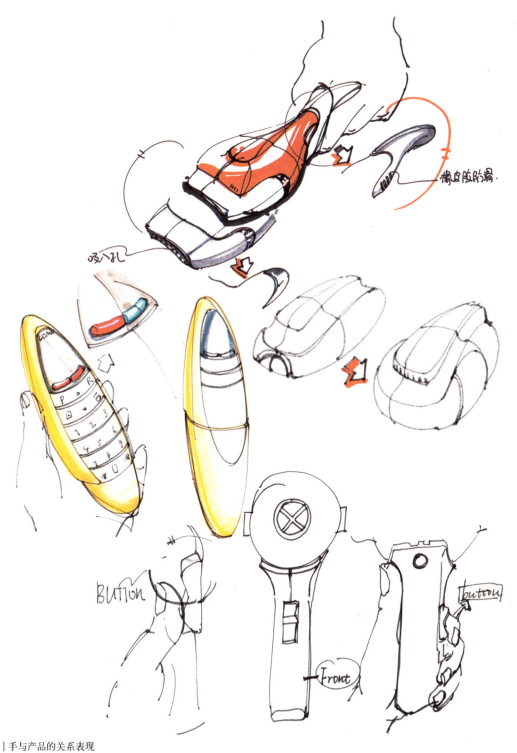

| 手与产品的关系表现

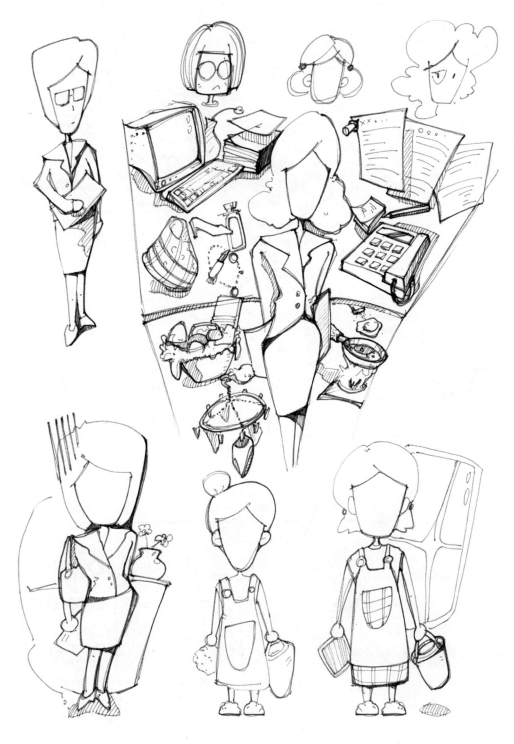

| 目标人群表现

| 使用状态表现

综合表现①

| 155

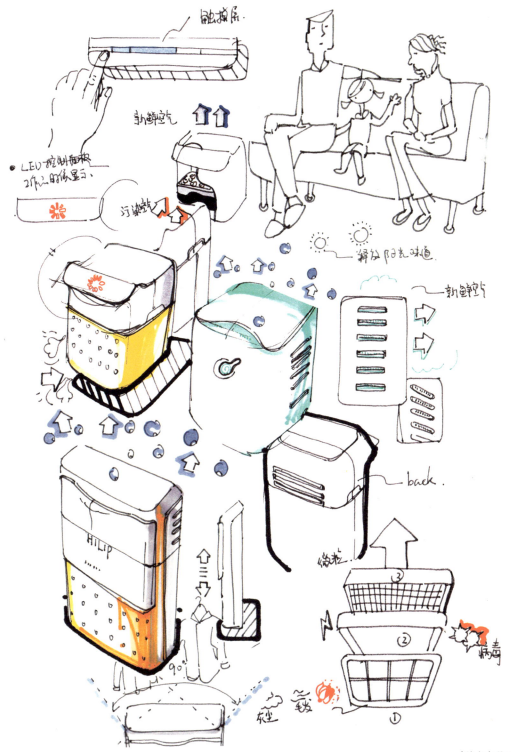

综合表现②

参考文献

1. （英）Frank Whitford. 包豪斯. 林鹤译. 北京：三联书店.
2. 许喜华. 工业设计概论. 北京：北京理工大学出版社.
3. 何人可. 工业设计史. 北京：北京理工大学出版社.

致谢

经过忙碌的工作，本次再版已经接近尾声，书中是我们对工业设计表现的一些理解，希望对您的学习有所帮助。在这里我们要衷心感谢段卫斌、潘静、忻翰、钟程。最后，衷心感谢浙江理工大学工业设计系可爱的学生们，方烨、朱威克、李南、王少忠、余瑜、秦婷、徐登科、郑亚斌、郑磊为本书提供稿件。虽然他们很多已经毕业，但希望他们看了以后可以回忆起美好忙碌的大学生活。